What
a Plant Knows

彩插珍藏版

植物知道
生命的答案

［美］丹尼尔·查莫维茨　著

刘夙　译

贵州科技出版社

Prunus persica

桃

01

桃
Peach

桃原产于中国，是蔷薇科李属的一种植物。
桃花可观赏。
桃子多汁，是一种营养价值很高的水果。

Oenothera perennis
宿根月见草

02

宿根月见草
Evening primrose

宿根月见草的花在傍晚开放，
此时天蛾和蜂类会来访花，
饮用花中甜美的花蜜，
并把花粉从一朵花带到另一朵花。

Colchicum autumnale
秋水仙

03

秋水仙

Colchicum

秋水仙是多年生草本植物。
秋季开淡红色花，
第二年春天长出线形、暗绿色的叶子。
生物碱秋水仙素因是从本植物首次萃取出的而得名。

Pyrus sinkiangensis

新疆梨

04

新疆梨
Pears

新疆梨是一种梨属植物，
通常是一种落叶乔木或灌木，
极少数品种为常绿，
属于蔷薇目蔷薇科，果实卵形至倒卵形。

Ficus carica
无花果

05

无花果
Fig

无花果是桑科榕属的一种落叶小乔木，
原产于地中海沿岸，栽培历史已超过五千年，
因见果不见花而得名。
其果实呈球根状，尾部有一个小孔，花则生长于果内。

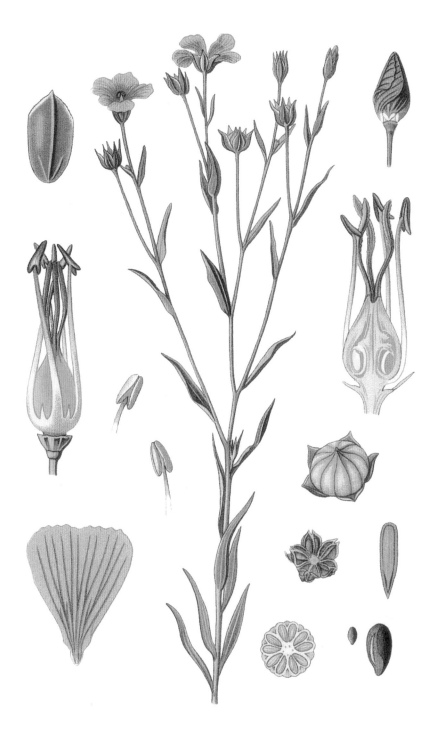

Linum usitatissimum
亚麻

06

亚麻
Flax

亚麻又名胡麻，
是亚麻科亚麻属一年生草本，
是优质油料和纺织原料植物。
其茎部韧皮纤维坚韧耐磨，
在水中不易腐烂，多用于制绳索、渔网等。

Mentha canadensis
薄荷

07

薄荷
Peppermint

薄荷是唇形科薄荷属的一种多年生草本，
分布于朝鲜、日本及北美洲等地。
薄荷叶内含香薰油，
生长期的薄荷叶可搭配果冻、茶点，用以提味。

Arabidopsis thaliana

拟南芥

WHAT A PLANT KNOWS

WHAT A PLANT KNOWS

WHAT A PLANT KNOWS

WHAT A PLANT KNOWS

WHAT A PLANT KNOWS

WHAT A PLANT KNOWS

WHAT A PLANT KNOWS

WHAT A PLANT KNOWS

08

拟南芥
Arabidopsis

拟南芥又名阿拉伯芥、鼠耳芥、阿拉伯草，
是一种分布于欧亚大陆及非洲的被子植物。
拟南芥是一种生命周期相对较短的冬季一年生植物，
常被作为一种流行的分子生物学实验工具。

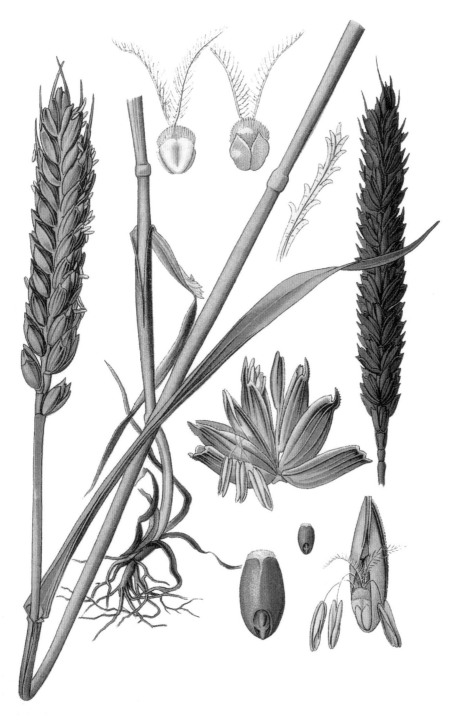

Triticum aestivum

小麦

09

小麦
Wheat

小麦是一种世界各地广泛种植的禾本科植物，
最早起源于中东的新月沃土地区。
小麦作为三大谷物（玉米、稻米和小麦）之一，
所含的Ｂ族维生素和矿物质对人体健康很有益处。

Malus pumila
苹果

10

苹果
Apples

苹果起源于中亚，
但在亚洲和欧洲都有着数千年的种植历史。
苹果富含矿物质和维生素，
是人们最常食用的水果之一。

Nicotiana tabacum
烟草

11

烟草
Tobacco

烟草为茄科烟草属植物，
是烟草工业的原料。
1492年克里斯托弗·哥伦布发现新大陆，
伊斯帕尼奥拉岛的印第安人就向他介绍了烟草。

序

Foreword

　　《植物知道生命的答案》第一版出版至今已有数年了。这数年间，人们对植物感觉的兴趣有了很大增长。正因为植物生物学发展速度非常快，我在现在这个增订版中写进了很多和第一版中的结论全然相反的突破性内容。以前，植物感觉在很大程度上具有伪科学特性，因此遭到严肃训练的科学家连声痛斥；然而对于现在的科学共同体和大众媒体来说，这都是过去的事情了。但令人鼓舞的是，植物如何对环境做出反应这个问题在全球激起的兴趣也与日俱增。《植物知道生命的答案》在北京、慕尼黑、圣弗朗西斯科和首尔都是畅销书，这充分说明理解我们这些绿色邻居是普世的愿望。

　　是啊，全世界的人怎能不对植物怀有兴趣呢？毕竟，我们的生存完全依赖植物。在用来自缅因州[1]森林的木材建造的房屋里，我们醒来，倒一杯由产自巴西的咖啡豆烹制的咖啡，套上由埃及的棉花制成的T恤衫，在用塔斯马尼亚岛[2]种植的桉树制造的纸上打印报告，用汽车把孩子们拉到学校——而这汽车的轮胎由非洲的

4

橡胶制作，使用的汽油也是由亿万年前死去的苏铁植物转变而成。从植物中提取的化学物质可以退热（如阿司匹林）或治疗癌症（如紫杉醇）。小麦引发了一个时代的结束和另一个时代的开始，而其貌不扬的马铃薯引发了大规模移民[3]。而且，植物一直在激发我们的情绪，让我们吃惊：巨杉是地球上最大的、独立的单一生物体，一些藻类却跻身最小的生物之列，而玫瑰毫无疑问能让所有人微笑。

20世纪90年代，在我还是耶鲁大学一位年轻的博士后时，我就对植物感觉和人类感觉的相似性产生了兴趣。我很想研究一个植物特有的、和人类生理不搭界的生物学过程（我家已经出了六位博士了，都是外科医生，这很可能是我对这一环境状况做出的反应）。于是，植物如何用光来调节发育的问题就深深吸引了我。在研究中，我发现了一组独特的基因，是植物在判断周边是光亮还是黑暗时必需的。后来我又获得了一个完全在我的研究计划之外的发现：在人类DNA中也能找到同样的一组基因。这让我大为惊异。由此就引出一个显而易见的问题：这些表面上是"植物特有"的基因，在人体内起什么作用？多年之后，通过大量研究，我们知道，这些基因不仅在植物和动物体内都存在，而且在二者体内都被用来（在其他发育过程中）调节对光的反应！

这让我认识到，植物和动物之间的基因差异并不像我想的那么大。就在我自己的研究课题从植物对光的反应演化为果蝇的白血病之时，我开始探索植物生理和人类生理的相似之处。我发现，尽管没有植物知道如何说"西蒙尔，喂我"[4]，但的确有很多植物"知道"不少东西。

实际上，在人们周围就能找到的花草树木都具备极为精密的感觉系统，只是人们没怎么留心罢了。大多数动物能够选择环境，在风暴中寻找掩蔽之处，寻觅食物和配偶，或是随季节变化而迁徙；然而植物因为不能运动，无法移向更好的环境，它们必须抵挡和适应持续变化的天气、不断霸占自己领地的邻居和大举入侵的害虫。因此，植物演化 [5] 出了复杂的感觉和调控系统，这使它们可以随外界条件的不断变化而调节自己的生长。例如，榆树必须知道它的邻居会不会遮住它的阳光，这样它才能想办法朝有阳光的地方生长；莴苣必须知道会不会有贪婪的蚜虫打算把它吃光，这样它才能制造有毒化学物质杀死害虫，保护自己；花旗松必须知道它的枝条会不会被猛烈的风撼动，这样它才能让树干长得更强壮一些。

在基因水平上，植物是比很多动物更复杂的生命，在生物学领域那些重要的发现中，就颇有一些是通过研究植物而获得的。罗伯特·胡克 [6] 在 1665 年使用他制造的原始显微镜研究木栓时第一次发现了细胞。在 19 世纪，格雷戈尔·孟德尔 [7] 用豌豆得出了现代遗传学定律。20 世纪中叶，芭芭拉·麦克林托克 [8] 则用玉米揭示了基因的转座（跳跃）现象。现在我们知道，这些"跳跃基因"是所有 DNA 的特征，而且和人类癌症密切相关。还有，我们都知道达尔文是现代演化论的奠基人之一，而他的一些重要的发现就归属于植物生物学领域，其中有不少发现会在本书中加以介绍。

显而易见，我对"知道"这个词的用法不合传统。植物并没有中枢神经系统；哪一株植物都没有脑，不能协调来自它全身的信息。然而，一株植物的各个部位仍然是紧密关联的；与光、空气中的化学物质及温度有关的信息，持续不断地在根和叶、花和茎之间进行交换，这样才能让植物更好地适应环境。我们不能把人类行为与植物活动的方式等同起来，但当你看到我在这本书中使用的那些通常只用于表达人类的词语时，我希望你能理解我的用心。当我在探讨植物看到什么或嗅到什么时，我并不是在声称植物有眼睛或鼻子（或是能给所有感觉输入都染上情绪的脑）。但是我相信，这些用语有助于我们以新的方式思考视觉、嗅觉，以及那个终极问题——我们是什么？

本书并不是另一本《植物的秘密生活》[9]，如果你在寻找那些认为植物和人一模一样的论述，那么在本书中你将一无所获。正如著名植物生理学家阿瑟·加尔斯顿在1974年指出的，我们必须对"没有足够支持证据就提出的古怪说法"保持警觉。他说这话的时候，正是《植物的秘密生活》这本无甚科学性的书在公众中流行最广之时。这本书不光是误导了容易上当的读者，更糟的是，还给科学界带来了一大后果——科学家对任何暗示动物感觉和植物感觉有相似性的研究都十分警觉，这便妨碍了有关植物行为的重要研究。

自《植物的秘密生活》掀起巨大的媒体风浪到现在，已经过去了40多年，在这期间，科学家对植物生命现象的研究已经大大加深了。在《植物知道生命的答案》这本书中，我会探究植物生物学的最新研究成果，论证植物的确具有感觉。这本书并不打算对现代科学中植物感觉这个题目进行详尽而全面的论述，那样将会使本书变成一本除了最专业的读者以外没人能看得下去的教科书。相反，在本书每一章中我着重论述了人类的一种感觉，并把人类的这种感觉与植物的类似感觉进行比较。我描述了感觉信息是如何被感知的，它是怎么得到处理的，以及对植物来说这种感

觉的生态意义何在。在每一章中，就所讨论的感觉，我同时提供了历史的和现代的
理解视角。

知道了植物的用处，为什么我们不花点时间，多了解一下科学家已经在植物身
上取得的发现呢？让我们开始行程，去探索植物内在生命背后的科学吧！

注释

[1] 美国东北部的一个州，森林面积很大，盛产松木等木材。——译者注

[2] 澳大利亚东南部的岛屿。——译者注

[3] 小麦是人类最早驯化的农作物之一，其驯化标志着狩猎采集时代的结束和农业时代的开始。马铃薯传入欧洲后，成为爱尔兰人的主粮。19世纪40年代，爱尔兰暴发马铃薯晚疫病，马铃薯几乎全部绝收，引发大饥荒。约一百万人在饥荒中死亡，另有大量人口被迫移民新大陆。——译者注

[4] 这是1986年美国的喜剧电影《异形奇花》(或译《恐怖小店》)中的台词。电影主人公西摩尔·克莱尔本（Seymour Krelborn）是一位花店员工，意外得到了一株以人血为食、长大后还会说话的怪花。这句台词就出自怪花之口。——译者注

[5] 英文中evolve（名词为evolution）这个术语，传统译为"进化"，但现在越来越多的学者认为"演化"才是更好的译法。本书翻译从之。——译者注

[6] 罗伯特·胡克（Robert Hooke, 1635—1703），英国博物学家、发明家。胡克发现的实际上是死细胞的细胞壁，但现在仍然公认他是发现细胞的第一人。——译者注

[7] 格雷戈尔·孟德尔（Gregor Mendel, 1822—1884），奥地利生物学家。——译者注

[8] 芭芭拉·麦克林托克（Barbara McClintock, 1902—1992），美国遗传学家，1983年诺贝尔生理学或医学奖获得者。——译者注

[9] 原书名为 *The Secret Life of Plants*，本书第四章对此书有进一步介绍。——译者注

目　录

第一章

植物能看到什么
What Can Plants See

她的根紧紧束缚着她，但她总是向着太阳转动；
她的外形已经改变，爱却永不改变。

——奥维德《变形记》[1]

你是否想过，植物能看到你？

实际上，植物无时无刻不在监视着它周围可以看到的物体。植物知道你是否走近，知道你什么时候位于它们上面。植物还知道你穿的衬衫是蓝色的还是红色的，知道你是否给房子上过色，知道你是否曾把它栖息的花盆从客厅的一端搬到另一端。

当然，植物并不能像你我那样可以"看到"画面。植物不能区别一位轻微谢顶的中年男子和一位留着棕色卷发的、微笑的小女孩。但是，它的确能够通过多种办法看到光，还能看到一些我们只能在脑子里想象的颜色。植物能看到灼伤我们皮肤的紫外线，看到让我们感到暖和的红外线。植物可以察觉什么时候光线暗如烛火，什么时候是正午，什么时候太阳将要落山。植物知道光线是来自左侧、右侧还是上方。它知道是否有另一棵植物长过了它的头顶，遮住了本应照在自己身上的光。它还知道周围的灯光究竟亮了多久。

那么，这些能被看成"植物视力"吗？首先我们要搞清楚人类的视力是什么。假设有一个人生来就失明，生活在完全的黑暗之中。现在，假定这个人有了区别光亮和阴暗的能力，于是他可以区分夜晚与白天、室内与室外。这些新的感觉可以看作初等的视觉，可以使这个人拥有新型的能力。现在，再假定这个人可以区分颜色，他能看到天上是蓝色，地下是绿色。显然，比起完全的黑暗，或仅仅能区分光亮和阴暗，这又是一个可喜的进步。我想我们都会同意，对这个人来说，从完全的黑暗到能看到颜色是一个根本性转变，他因此有了"视力"。

《韦氏词典》[2]对"视觉"的定义是"眼睛接受光刺激之后，脑对光刺激进行解释，将其构建为由空间中物体的位置、形状、亮度和颜色构成的图像的生理感觉"。我们看到的光，是术语称之为"可见光谱"的东西。光实际上是电磁波光谱的可见区段的同义词，是我们日常使用、易于理解的词语。这意味着光和所有其他类型的电磁信号——比如微波和无线电波——共有一些性质。调幅广播所用的无线电波，其波长非常长，约有 0.805 千米。这就是为什么广播天线要有几层楼高的缘故。与此相反，X 射线的波长却极其短，是无线电波的一万亿分之一，所以它能轻而易举地穿透人体。

人眼可见的光波位于这两者中间的某个位置上，其波长在 400 纳米到 700 纳米之间。蓝紫光的波长最短，红光的最长，绿光、黄光和橙光的则介于其间（这就解释了为什么彩虹的颜色排列总是朝着同一个方向——从蓝紫色这样的短波长颜色到红色这样的长波长颜色）。这些就是我们能"看到"的电磁波，原因在于我们的眼中有一种叫作光受体[3]的特殊蛋白质，它们可以接受和吸收这些光的能量，就像天线吸收无线电波一样。

眼球后方有一层膜叫作视网膜，上面覆盖着成列的光感受器，好比平板电视里成列的发光二极管（LED），或是数码相机里成列的传感器。视网膜上的每一处都含有对弱光敏感的视杆细胞和对不同颜色的光和强光敏感的视锥细胞。每个视锥细胞或视杆细胞都能对聚焦于其上的光产生反应。人类视网膜含有大约1.25亿个视锥细胞和600万个视杆细胞，它们集中分布在相当于护照照片大小的面积里。眼睛相当于一部分辨率为1.3亿像素的数码相机，在如此小的面积中分布有如此巨大数量的感受器，这使我们具有很高的视觉分辨率。作为比较，分辨率最高的户外LED显示屏每平方米只有大约1万个像素点，普通的数码相机也只有大约800万像素的分辨率。

视杆细胞对光更为敏感，可以让我们在夜间和低光照条件下视物，但看不到颜色。不同的视锥细胞分别对红、绿和蓝三种光敏感，它们可以让我们在亮光下看到各种颜色。这两种不同的光感受器的主要区别在于所含的特殊化学物质不同。视杆细胞中含视紫红质，视锥细胞中则含有光视蛋白，这些化学物质都具有特殊的分子结构，能够吸收不同波长的光。蓝光可为视紫红质和感蓝光视蛋白所吸收，红光可为视紫红质和感红光视蛋白所吸收。紫红色光可为视紫红质、感蓝光视蛋白和感红光视蛋白所吸收，但不能为感绿光视蛋白所吸收。其余类推。一旦视杆细胞或视锥细胞吸收了光，它就向脑发送信号。脑再把来自上亿的光感受器的信号处理成单一连贯的画面。

这一过程包含很多阶段，任一阶段发生问题，都可以引发视觉缺陷——有时是视网膜结构出现了物理问题，有时是不能对光产生感知（比如说视紫红质或光视蛋白出了问题），有时是不能把信息传达给脑。以红色盲为例，具有这种视觉缺陷的人没有感红视锥细胞，因此他们的眼睛完全不能吸收红光，也就无法把它传达给脑。人类视觉牵涉到吸收光的细胞和处理光信息的脑，脑在处理完信息之后，我们就可以对这些信息做出反应。那么，植物又如何呢？

植物学家达尔文

并不广为人知的是，自从出版了《物种起源》这部里程碑式巨著之后，查尔斯·罗伯特·达尔文用了 20 年时间做了一系列至今还影响着植物研究的实验。

达尔文和他的儿子弗朗西斯都对植物生长中光产生的效应十分着迷。在他最后一本著作《植物的运动力》中，达尔文写道："几乎没有什么（植物），其某一部位……是不会向着侧面光弯曲的。"这话用不那么啰唆的话来说就是：几乎所有植物都向着光弯曲。我们随时能看到室内植物冲着从窗户射进来的阳光垂头弯身。植物的这一行为就叫作向光性。1864 年，一位叫尤利乌斯·冯·萨克斯[4]的科学家发现，蓝光是诱发植物向光性的主要颜色，而且植物对其他颜色的光一般都视而不见，其他颜色的光对植物的向光弯曲几乎不起作用。不过，当时没有人知道植物是如何、靠哪个部位看到来自某一方向的光的。

在一个非常简单的实验中，达尔文父子揭示了植物的向光弯曲与光合作用（植物把光转变为能量的过程）无关，实际上是由植物向光运动的内在能力所引发。在实验中，达尔文父子让一盆加那利藨草（*Phalaris canariensis*）[5]在一间完全黑暗的屋子里生长了几天。然后，他们在离花盆约 3.6 米的地方点燃一盏很小的煤气灯，灯光很昏暗，他们"无法看见幼苗，也无法看到铅笔在纸上画的线"。然而，只过了 3 小时，加那利藨草就明显地向这昏暗的灯光弯过去了。弯曲总是发生在幼苗的同一部位——茎尖以下大约 2.5 厘米的地方。

这让达尔文父子提出疑问：加那利藨草的什么部位看到了光? 他们做了一个现在已经成为植物学经典的实验：他们假设加那利藨草的"眼睛"长在幼苗茎尖，而不是幼苗弯曲的地方。他们检验了 5 株不同的幼苗的向光性，如下图所示：

达尔文向光性实验

a. 第一株幼苗没做任何处理，其行为表明实验条件可引发向光性。

b. 第二株切掉了茎尖。

c. 第三株用一个不透光的小帽罩住茎尖。

d. 第四株用一个透明玻璃小帽罩住茎尖。

e. 第五株用一个不透光的管子遮住其中间部分。

在这个实验中，幼苗的生长环境与前一个实验相同。未处理的幼苗理所当然向光弯曲。同样，中间部分套着不透光管子的幼苗也向光弯曲。然而，如果除去幼苗的茎尖，或者用不透光的小帽罩住茎尖，幼苗就失明了，无法向光弯曲。然后，他们用透明玻璃小帽罩住茎尖，幼苗仍然向光弯曲，好像它的茎尖上根本没有小帽一样。达尔文父子认识到玻璃可以透过光，让光照在幼苗的茎尖上。于是，通过这个简单实验，他们确证向光性是光照射到植物茎尖的结果。茎尖看到光，把信息传递给植物的中段，叫它向着光的方向弯曲。达尔文父子便这样成功地展示了植物的原始视觉。

马里兰猛犸：不停生长的烟草

在马里兰州[6]南部山谷中意外出现了一种新的烟草品系，它重新激发了人们对"植物如何看到世界"这个问题的兴趣。自从 17 世纪末第一批殖民者到来之后，这些山谷就成为美国最大的烟草农场。当地的萨斯奎哈诺克等原住民部落已经种了几个世纪的烟草了，他们春天播种，夏季收获。有的植株则不收获其叶子，而是任其开花，以结出供下一年播种用的种子。1906 年，烟农开始注意到一个新的烟草品系，其生长似乎无休无止。这个品系的烟草可以长到约 4.5 米的高度，生出近百枚叶子，直到霜冻来临才停止生长。乍一看，这样健壮、不停生长的植株对烟农来说似乎是天赐良种。然而，就像我们司空见惯的情况一样，这个被当地命名为"马里兰猛犸"[7]的新品系仿佛是长着两张脸的罗马神祇雅努斯[8]——一方面，它生长不休；另一方面，它很少开花，这就意味着烟农无法收获种子供来年播种之用。

1918 年，美国农业部的两位科学家怀特曼·W.加纳和哈利·A.阿拉德开始着手调查为什么马里兰猛犸一直长叶，很少开花。他们把马里兰猛犸种在花盆里，一组植株置于室外田中，另一组植株在上午置于田中，但每天下午都移到一间阴暗的棚屋里。他们发现，仅仅简单地限制植株看到的光量，已足以使马里兰猛犸停止生长，开始开花。换句话说，如果马里兰猛犸暴露在夏天的漫长日照之下，它会一直长叶；但如果它经历了人为制造的短日照，就会开花了。

这个现象叫作光周期现象，是我们得到的第一个能够强有力地证明植物会测算它们获得多少光的证据。之后的其他实验则揭示，很多植物就像马里兰猛犸一样，只在日照较短的时候开花。这些植物叫作短日照植物。菊花和大豆就属于短日照植物。有些植物的开花则需要长日照，如鸢尾和大麦，这些植物叫作长日照植物。有了这个发现，烟农现在就可以通过控制植物看到的光量来调节花期，使之遵循自己的生产计划了。无怪佛罗里达[9]的烟农没过多久也发现，马里兰猛犸在他们那里可以生长很多个月（因为佛罗里达没有霜冻问题），要到仲冬才开花，那时正是一年中白昼最短的时候。

奇妙的光周期现象

光周期现象的概念让一些科学家一下子来了精神，他们脑子中满是这样的问题：

010

植物测量的是白昼的长度还是黑夜的长度？植物看见的又是什么颜色的光呢？

差不多第二次世界大战的时候，科学家发现，只要在半夜快速点亮灯光再灭掉，就可以控制植物的开花时间。取一种短日照植物（比如说大豆）来做实验，只要在半夜点亮仅仅几分钟的灯光，就可以让它在短日照条件下仍不开花。另一方面，同样只要在半夜点亮仅仅几分钟的灯光，科学家就可以让鸢尾之类的长日照植物在仲冬（这是白昼最短的时候，长日照植物正常情况下不开花）也能开花。这些实验证明，植物测量的不是白昼的长度，而是连续的黑暗时间的长度。

运用这种技术，花农可以让菊花到母亲节[10]前夕才开花。母亲节在春季，但菊花在正常情况下要到日照越来越短的秋季才开花。幸运的是，在秋冬两季，花农只要每晚点亮几分钟的灯光，就可以让种植在温室中的菊花一直不开花。然后，就在母亲节的前两周，花农晚上不再开灯了，于是所有的菊花便在同一时刻"哗"地开放，既适宜收获，又适宜装运。

科学家还好奇植物看到的光的颜色。令人惊奇的是，他们发现不管用什么植物做实验，它们都只对夜间的红色闪光有反应。夜间的蓝色或绿色闪光都不会影响植物的开花时间，但几秒钟的红色闪光就会影响植物的开花时间。植物能够区分颜色：它们靠蓝光知道向哪个方向弯曲，却靠红光测量夜晚的长度。

20世纪50年代早期，在马里兰猛犸得到首次研究的那个美国农业部实验室，哈利·博斯威克和他的同事又获得一个惊人的发现：远红光——这是波长比鲜红色光略长的光，最常在日暮的时候被看到——可以消除红光对植物的效应。说得更详细一些的话，如果你取来几株在长夜条件下不能正常开花的鸢尾，在半夜给它们照射红色闪光，它们就会开出和自然条件下种植的鸢尾一样鲜艳美丽的花朵。但如果在红色闪光之后紧接着再给它们照射远红光，结果它们就好像从未被照过红光一样，又不开花了。如果在远红光之后再照红光，它们又开花了。再照远红光，又不开花了，如此类推。而且，根本不需要太长时间的照射，无论红光还是远红光都是几秒钟足矣。鸢尾体内仿佛有一个光激活的开关，红光把它扳到开花这一边，远红光把它扳回去。只要你来来回回扳开关扳得足够快，什么都不会发生。从一个更哲学化的层次来说，植物能记住它看到的最后一种颜色。

在约翰·F.肯尼迪[11]被选为总统的时候，沃伦·L.巴特勒及其同事表明，红光效应和远红光效应都由植物中的单独一种光受体引发。他们管这种光受体叫作"光敏色素"。在最简单的模型中，光敏色素就是一个光激活的开关。红光使光敏色素活化，转化为能够接收远红光的形态。远红光使光敏色素失活，转化为能够接收红光的形态。在生态学上，这一效应意义重大。在自然界中，任何植物在白昼将终的时候看到的最后一道光是远红光，这意味着植物应该"休息"了。早晨，植物看到红光便又醒来。通过这种办法，植物能够测量在它最后一次看到红光之后过去了多少时间，借此便可以相应调整其生长。那么，植物究竟是用什么部位看到红光和远红光，以调控开花的呢？

我们从达尔文对向光性的研究中知道植物的"眼睛"在茎尖，对光做出反应的部位则在茎中部。所以我们也许会认为负责光周期现象的"眼睛"也在植物茎尖。令人意外的是，这是错的。如果你在半夜用一束光照射植物的不同部位，你会发现，照亮任何一片叶子都足以调控整株植物的开花时间。另一方面，如果把植物所有的叶子都摘除，只留下茎和茎尖，植物就看不到任何闪光了，即使整株植物都被光照也无济于事。只要单独一片叶子里的光敏色素在半夜看到红光，效果就好比整株植物都受到了光照。叶子中的光敏色素接受了光的提示，便发出一个可运动的信号，在整株植物体内散播开来，由此调控开花。

遗传学时代的失明植物

我们的眼睛中有 4 种不同类型的光受体：感知明暗的视紫红质，感知红光、蓝光和绿光的 3 种光视蛋白。我们还有第五种光受体，叫作隐花色素，作用是调节生物钟。前面已经介绍了植物同样具有多种多样的光受体：植物能看见某个方向的蓝光，这意味着它至少有一种蓝光受体，现在已知这是向光色素；植物能通过看见红光和远红光调控开花，这又意味着它至少有光敏色素。但是，为了确定植物拥有多少种光受体，科学家需要等到分子遗传学时代的到来。

20 世纪 80 年代早期，荷兰瓦赫宁根大学的马尔滕·科尔恩内夫开创了运用遗传学理解植物视觉的实验方法，这一方法后来又经众多的实验室重复和改进。科尔恩内夫提出了一个简单问题：一株失明的植物会是什么样子的？在黑暗或弱光下生长的植物要比在强光下生长的植物高。如果你曾经留意过豆苗，你就会知道放在家里储物柜里的豆苗长得又高又细又黄，而放置在室外的豆苗却长得又短又壮又绿。这个结果是有意义的，因为植物在黑暗中通常会伸长，这时它们要努力钻出土壤见到光，或是因为处于阴影下而需要竭力获取未受遮蔽的光。如果科尔恩内夫要找失明突变体，也许可以看看哪一株幼苗在强光下仍然长得很高。如果能鉴定出失明突变体并予以栽培，他就能运用遗传学方法来发现这些植株到底出了什么问题。

他实验用的材料是拟南芥，一种和野芥菜相似的小型实验植物。他用已知可以诱导 DNA 产生突变（也可以引发实验大鼠的癌症）的化学药剂处理一批拟南芥种子，然后把幼苗种在各种颜色的光下，寻找比别的幼苗长得高的幼苗。他找到了很多这样的幼苗。有些突变植株在蓝光下长得高，但在红光下高度正常；有些在红光下长得高，但在蓝光下正常；有些在紫外线下长得高，但在其他一切光下高度都正常；还有一些在红光和蓝光下都长得高。少数只在弱光下长得高，而一些只在强光条件下长得高。

就许多只对某一特殊颜色的光失明的突变体来说，其体内专门吸收那种颜色光的光受体存在缺陷。比如，没有光敏色素的植株在红光下生长就如同在黑暗中生长一样。令人意外的是，有几种光受体是成双配对的，一种专门接受弱光，另一种专门接受强光。长话短说，我们现在知道拟南芥至少有 11 种不同的光受体[12]：有的告诉植物何时萌发，有的告诉植物何时向光弯曲，有的告诉植物何时开花，有的让植物知道夜幕何时降临，有的让植物知道光线黯淡，还有的能帮助植物知道准确时间。

所以，在感知水平上，植物的视觉要比人类视觉复杂得多。事实上，光对植物来说绝不仅仅是信号，光还是食物。植物用光把水和二氧化碳转化为糖类，糖类又进而为所有动物提供食物。但是植物是固着不动的生物。它们扎根于一处，无法移动身体去寻找食物。为了弥补这种固着生活的不足，植物必须拥有搜寻和捕捉光的本事。这意味着植物需要知道光在哪里。而且，不像动物那样是向食物移动，植物是向能量的来源生长。

植物需要知道它上面是否有别的植物在生长，滤掉了其光合作用所需的光。如果植物感觉到它处在阴影中，它就会加速生长以摆脱阴影。植物还需要传宗接代，也就是说，需要知道什么时候"孵"出种子，什么时候繁殖。许多类型的植物在春季开始生长，正像许多哺乳动物在那时生育一样。植物是如何知道春天何时开始的呢？是光敏色素告诉它们白天在逐渐变长。植物还要在降雪之前的秋季开花结子。它们又如何知道秋天已至？还是光敏色素告诉它们夜晚正在逐渐变长。

植物和人类一样有视觉

为了生存，植物必须对周边视觉环境的动态了如指掌。为此它们需要知道光的方向、强度、持续时间和颜色。毫无疑问，植物可以察觉人类可见的和不可见的电磁波。我们只能感知波长范围较窄的一段电磁波，植物却能感知波长更短或更长的电磁波。不过，尽管植物能看到的光谱的波长范围要比人类能看到的宽广得多，但它们却看不到图像。植物没有神经系统，不能把光信号转化为图像，但是能够转化成调控生长的指令。植物没有眼睛，正如我们没有叶子，但是我们和植物都能察觉到光。

视觉不仅是察觉电磁波的能力，也是对这些电磁波做出反应的能力。我们视网膜上的视杆细胞和视锥细胞察觉到光信号，把信息传递给脑，然后我们便能够对这些信息做出反应。植物同样可以把视觉信号转换成生理上可识别的指令。达尔文种下的加利那藨草如果只会用茎尖看到光，是不够的——它们还得吸收这些光，然后通过某种方式转换成指令，告诉茎要弯曲。它们需要对光做出反应。由多种光受体产生的复合信号可以让植物在变化的环境中将其生长调节到最佳状态，这正如我们的四种光受体可以让我们的脑感知到图像，从而让我们能够感知周围环境的变化，并做出反应。

从一个更宽广的视角来看，植物光敏色素和人类的感红光视蛋白并不是同一种光受体——虽然它们都吸收红光，却是不同的蛋白质，有着不同的化学成分。作为我们视觉媒介的光受体，只能在其他动物体内发现。作为一株黄水仙的视觉媒介的光受体，则只能在其他植物体内发现。当然，植物和人类的光受体在一点上是相似的——它们都由一种蛋白质和一种与之联结的能吸收光的化学染料构成；受自然法规的限制，光受体要发挥作用，肯定要采取这种结构。

但是，每一条规则都有例外。尽管植物和动物已经各自独立演化了数十亿年，它们的视觉系统还是有一些相同之处：动物和植物都含有叫作隐花色素[13]的蓝光受体。植物体内的隐花色素不会引起向光效应，但在植物生长调控中，它可以行使其他几种功能，其中之一就是控制植物的生物钟。植物像动物一样，具有昼夜节律钟，和正常的昼夜周期同步运转。对人类来说，这种生物钟调控了我们生命的各个方面，比如何时感到饥饿，何时需要洗澡，何时筋疲力尽，何时又精力十足。这种每日发生的变化叫作昼夜节律，即使把我们关在完全照不进阳光的封闭房间中，这些变化也仍然大致以 24 小时为周期循环往复。跨越半个地球的飞行会使我们的昼夜节律钟和昼夜信号不再同步，这个现象就是时差反应。昼夜节律钟可以被光照重新调节，但这需要几天时间。这也可以解释为什么待在室外有光照的地方要比待在阴暗的宾馆房间中能更快地把时差倒过来。

　　隐花色素这种蓝光受体主要的功能就是根据光照重新调节我们的昼夜节律钟。隐花色素吸收蓝光，然后向细胞发出信号，表明现在是白天。植物同样也有内在的昼夜节律钟，可以调控许多生理过程，比如叶片的运动和光合作用。如果我们人为地改变植物的昼夜周期，它一样会有时差反应（虽然不会发脾气），需要花几天时间才能重新调整过来。比如说，如果植物叶片正常情况下在傍晚合拢，在早晨张开，那么颠倒它的光暗周期会让植物叶片在黑暗中（原本是白天的时刻）张开，在光亮中（原本是夜晚的时刻）合拢。但这只是刚开始的情况，叶片的开合在几天之内就会调整到和新的光暗周期同步。

　　正如果蝇和小鼠体内的隐花色素，植物隐花色素的主要功能也是使外界的光信号和昼夜节律钟相协调。在蓝光控制昼夜节律这个现象的分子水平上，植物和人类是用一模一样的办法"看到"蓝光的。隐花色素的功能如此恒定地保留下来，乍一看令人吃惊，但若从演化的视角来看就不奇怪了。早在动物界和植物界分道扬镳之前，单细胞生物中就已经演化出了昼夜节律钟。这种原始的昼夜节律钟的功能很可能是为了使细胞免受高强度紫外线辐射的伤害。当这种早期的昼夜节律钟运行时，隐花色素的古老祖先监视着细胞周围的光环境，把细胞分裂调整到夜间进行。直到今天，在包括细菌和真菌在内的大多数单细胞生物中，仍然可以发现这种相对较为简单的昼夜节律钟。后来，以这种所有生物都共同具备的光受体为起点，生物的光感继续演化，便在植物和动物体内形成彼此有别、各具特色的两套视觉系统。

不过，也许更令人惊奇的是，植物还能闻到气味……

注释

[1]《变形记》是古罗马诗人奥维德（Ovid）所著的一部长篇神话史诗。这里的引句说的是克吕提厄（Clytie），她是一位海洋女神，深爱着太阳神，却被太阳神抛弃。她最终变形为岩石上的向阳花。——译者注

[2] 由美国梅里亚姆 - 韦伯斯特（Merriam-Webster）公司出版的词典的总称。《韦氏词典》是美国最权威的英语词典之一。——译者注

[3] 在英语中，receptor 一词兼有两义。它既可以指接受感觉刺激的细胞或神经末梢群，又可以指能够和信号分子（配体）结合进行信号转导的特殊蛋白质分子。在汉语中，这两义分别译为"感受器"和"受体"。这两义在本书中有的地方易于混淆，译者已予以一一澄清。——译者注

[4] 尤利乌斯·冯·萨克斯（Julius von Sachs, 1832—1897），德国植物学家，对植物学做出了全方位的贡献，比如总结出了光合作用的总化学方程式。——译者注

[5] 也叫"金丝雀虉草"。——译者注

[6] 美国东海岸中部的一个州，与美国首都华盛顿相邻。——译者注

[7] 猛犸是一种生活在北半球高纬度寒冷地带的长毛象，目前已经灭绝。由于在这一地区，猛犸曾经是体形最大的兽类，所以常常被用于比喻庞然大物。——译者注

[8] 雅努斯（Janus）是罗马人的门神，长有两张脸，一张朝前，一张朝后。——译者注

[9] 美国最南部的一个州，终年气候温润，霜雪罕见。——译者注

[10] 是一个感谢母亲的节日。现代母亲节起源于美国，为每年五月的第二个星期日。菊花是母亲节常用的献花之一。——译者注

［11］约翰·F. 肯尼迪（John F. Kennedy，1917—1963），美国第 35 任总统，1961 年当选，1963 年遇刺身亡。——译者注

［12］拟南芥较为特殊，有至少 11 种不同的光受体，可分为不同的 5 类（向光色素、光敏色素、隐花色素和其他两类）。其他植物也含有这 5 类光受体，但每一类可能包含更多或更少的种类。——作者注

［13］"隐花色素"（cryptochrome）这个名字实际上是魏茨曼科学研究所的约拿单·格雷瑟尔讲的一句饶有趣味的双关语。格雷瑟尔一直在研究"隐花"（cryptogamic）植物对蓝光的反应。隐花植物是地衣、苔藓、蕨类和藻类等植物的统称（后面我们马上会知道这个名称的意义何等重要）。但是，就像当时所有以其他生物体为对象来研究蓝光效应的研究者一样，格雷瑟尔也不知道蓝光受体是什么。尽管人们用了几十年时间千方百计地想把这种受体分离出来，却都没有成功——它仿佛是有一种"隐蔽"（cryptic）的本质。格雷瑟尔毫不掩饰他爱讲双关语的喜好，建议把这种尚未确定的光受体叫作"隐花色素"。让他的很多同事恼火的是，虽然隐花色素最终在 1993 年被分离出来，从此不再"隐蔽"，但格雷瑟尔起的这个俏皮的名称现在已经成为正式的科学术语了。——作者注

第二章

植物能嗅到什么

What Can Plants Smell

据说石块曾经自己转动，
树木曾经开口说话。

——莎士比亚《麦克白》

植物会嗅。植物能散发气味吸引动物和人类，这是显而易见的，但是它们也能闻到自己的气味，以及邻近植物的气味。植物知道果实什么时候成熟，知道邻近的植物什么时候遭到了园丁的修剪，又在什么时候被贪婪的害虫大嚼。它们是通过嗅来感知这一切的。有的植物甚至还能区分番茄和小麦的气味。与植物感受到的广谱视觉输入相比，植物能闻到的气味的范围是有限的，但是它们的嗅觉十分灵敏，能为活着的植物体传达巨量信息。

如果你在词典中查阅"嗅觉"这个词，它的释义——通过嗅神经受到的刺激而感知气味或芳香的能力。嗅神经这个词也很好理解，就是分布在鼻黏膜中，主管嗅觉的神经。在嗅的过程中，刺激物是扩散在空气中的小分子。人类的嗅觉涉及鼻子中能感知借空气传播的分子的细胞，以及能处理相关信息、使我们对各种气味做出反应的脑。举例来说，如果你在房间一侧打开一瓶香奈儿5号[1]，那么你可以在房间另一侧闻到它的气味。这是因为有某些化学物质从香水中蒸发出来，扩散到了房间另一边。这些分子的浓度极低，但我们的鼻子里面分布着数以千计的受体，不同的受体能够对不同的化学物质产生专一的反应。只要一个分子接触到受体，就能让你感知到新的气味。

我们的嗅觉感知机制不同于光感知机制。上一章已经说过，要看到一套完整的颜色谱，我们只需要有分别感受红光、绿光、蓝光和白光的 4 种光受体就行了。但是对嗅觉而言，我们需要几百种不同的受体，每一种受体专供感知一种独特的挥发性化学物质。

鼻子里的嗅觉受体与化学物质接触的方式，可以用锁钥系统来类比。每一种化学物质的分子都有其特殊形状，可以和某一种蛋白质受体相匹配，正如每一把钥匙都有其特殊结构，可以和某一把锁相匹配一样。一种特定的化学物质只能和一种对应的受体结合，一旦发生这样的结合，这些化学物质就会引发一连串的信号，最后引发脑中的神经放电，使我们知道嗅觉感受器受到了刺激。这就是一种特殊气味的产生过程。科学家已经记录了数百种单元性的气味物质，包括薄荷醇（薄荷气味的主要组分）和腐胺（形成了腐肉散发的腐臭气味）等。不过，我们闻到的各种特殊气味通常是几种化学物质混合后的结果。比如，薄荷的气味有差不多一半是薄荷醇造成的，其余的一半则是由 30 多种其他化学物质形成的。正因为如此，我们可以用很多方式描述一瓶美味的意大利面酱、一杯深红色葡萄酒或是一个初生婴儿的气味。

那么植物又如何呢？词典中对"嗅觉"的定义压根就没有考虑植物。因为植物没有神经系统，在我们的传统理解中，植物被排除在能产生嗅觉的生物之外。要说植物有嗅觉，那显然也是一个不涉及鼻子的过程。但是我们不妨把嗅觉的定义略微改变一下，成为"通过刺激而感知气味或芳香的能力"。要知道，植物可不仅仅是粗知气味而已。那么它们都感知到了什么气味，气味又是如何影响植物行为的呢？

未有解释的现象

我的外祖母从未学过植物生物学或农学，她甚至没上完高中。但是她知道，把一个成熟的香蕉放入一个牛皮纸袋，再把一个还很硬的鳄梨放进去，鳄梨就能变软。她是从她母亲那里学到这一招的，她母亲又从她自己的母亲那里学到这一招，如此代代相传。事实上，这种做法可以追溯到古代，古代早就有多种催熟水果的方法了。古埃及人划破少数几个成熟的无花果，就可以让整串无花果成熟；古代中国人则在储藏梨的房间里烧香，这也可以让梨成熟。

20 世纪初，佛罗里达的农民在用煤油加热的棚屋中催熟柑橘。这些农民确信是热量引发了水果成熟。这个结论听上去颇为合理。然而，当他们在柑橘旁边放上电热器，插上插头，却发现这些水果无动于衷的时候，你可以想象他们有多沮丧。那么，如果不是热量的问题，水果催熟的秘密莫非和煤油有关吗？

事实证明的确如此。1924 年，来自洛杉矶的美国农业部的科学家弗朗克·E. 邓尼证实煤油烟含有少量叫作乙烯的物质，不管是催熟什么水果，只要用纯乙烯气体处理一下即可。他在研究中用的柠檬就对乙烯极为敏感，只要空气中有一亿分之一浓度的微量乙烯，柠檬就可以产生反应。同样，中国的线香产生的烟中也被证实含有乙烯。这样，一个简单的科学模型就建立起来：水果"嗅"到了烟中极微量的乙烯，在这种气味之下做出快速成熟的反应。这与我们闻到邻居家烤肉的烟味，然后垂涎欲滴的原理一样。

但是这个解释不能回答两个重要问题：第一，为什么植物要对烟中的乙烯产生反应？第二，我的外祖母把两个水果放在一起时，或古埃及人划破无花果时，又发生了什么？剑桥大学的理查德·盖因在20世纪30年代做的实验为此提供了答案。理查德·盖因分析了成熟苹果周围近处的空气成分，发现里面含有乙烯。在盖因做出这个开创性的工作一年后，康奈尔大学博伊斯·汤普逊研究所的一个研究组提出，乙烯是用来使果实成熟的通用植物激素。事实上，无数后续研究都表明，包括无花果在内的所有果实都会释放这种有机化合物。所以，不仅煤油烟中含有乙烯，正常的果实本来就会释放这种气体。古埃及人划破无花果，就是为了让乙烯气更易于释放。当我们把一个成熟的香蕉和一个未成熟的水果——假定是个鳄梨——放在一个袋子里时，香蕉会释放乙烯，鳄梨"嗅"到乙烯之后就迅速成熟了。这两个水果借此便交流了彼此的生理状态。

当然，果实之间的乙烯信号传递并不是为了我们而演化的。不管我们什么时候想吃鳄梨，都能吃到熟透的鳄梨，这可不是植物演化的目的。实际上，这种植物激素是作为一种调控因子而演化的，它可以使植物在受到干旱或洪涝等环境胁迫[2]时做出反应；所有植物（包括微小的藓类）在生活史的整个阶段中都会产生乙烯。不过，乙烯对于植物衰老尤为重要，因为它是叶片衰老（形成红叶的过程）的主要调控因子，在成熟的果实中也会大量产生。成熟苹果产生的乙烯不仅保证了整个果实均匀成熟，还使邻近的苹果也成熟，释放出更多的乙烯，引发麦金托什[3]的一场由乙烯诱导的成熟连锁反应。从生态角度来看，这对于保证种子的传播也有优势。动物会被桃或樱桃之类的"已可食用"的水果吸引。一批果实在乙烯诱导之下变得软熟后，可以集中在一起展示，犹如一个容易被动物识别的水果市场。这些动物吃喝完，在日常活动的时候，就传播了种子。

菟丝子的喜好

五角菟丝子（*Cuscuta pentagona*）的样子和一般的植物迥异。它是一种细长的橙红色藤蔓，可以长到约 1 米高，开出微小的五瓣白花，整个北美洲都能见到它。菟丝子这类植物的独特之处在于，它没有叶片，而且因为没有叶绿素——这是一种能吸收太阳能量，在光合作用中把光转化为糖类和氧气的色素——它的全株都不是绿色。菟丝子显然不能像大多数植物那样进行光合作用，所以它不能用光自行制造食物。了解了这些，我们也许会觉得菟丝子会饿死，然而事实与此相反，它活得很好。菟丝子靠另一种方式养活自己——它从邻近植物那里获取食物。它是一种寄生植物。为了生存，菟丝子把自己附着在寄主植物身上，长出一种附属器官深插到寄主植物的维管系统中，借此吸取寄主的养分。正因为如此，俗名"黄丝"的菟丝子被美国农业部归入"恶性杂草"之列。不过，菟丝子真正令人着迷的地方在于，它居然还有口味偏好——在邻近的植物中它会挑出专门的种类来侵害。

在探究菟丝子为什么具有口味偏好之前，我们先来看看它的寄生生活是如何开始的。菟丝子的种子会像其他植物的种子那样萌发。埋在土壤中的种子开裂，新芽挺出地表，新根向泥土中钻去。然而，如果不能很快找到一棵赖以寄生的植物的话，独自生长的菟丝子幼苗会死掉。在菟丝子幼苗生长时，它的茎尖会做小的圆周运动以探查周边的环境，就像我们被蒙上双眼找东西时，会用双手不断摸索一样。这样的运动一开始看上去漫无目的，但如果菟丝子旁边紧邻着另一棵植物——比方说是一株番茄——它很快就会向着能为它提供食物的番茄的方向弯曲、生长、打转，如此这般，找到番茄的叶。不过，菟丝子不会去碰番茄茎上的叶子，而是向下继续运动，直到找到番茄的茎。最后，菟丝子缠绕在番茄茎上，把微小的突起刺入番茄的韧皮部（输送含糖汁液的管道），开始吸取糖分，以便能继续生长，最终开花。喔，在菟丝子欣欣向荣的时候，番茄却开始打蔫了。

康苏埃罗·德莫拉埃斯博士干脆把这一行为拍成了视频。德莫拉埃斯是宾州州立大学的一位昆虫学家，主要研究方向是了解昆虫和植物之间的挥发性化学信号传递。她有一个研究计划，其主要目的是弄清楚菟丝子如何定位猎物。她发现，菟丝子藤蔓从来不向空花盆或放着假植物的花盆生长，从来都义无反顾地向着番茄生长——不管她把番茄放在光下还是阴暗处。德莫拉埃斯推断，菟丝子实际上是在嗅番茄。为了检验这个假说，她和学生们把菟丝子放在一个密封箱中的花盆里，把番茄放在另一个密封箱中。两个箱子以一根管道连接，这可以让空气在两个箱子间自由流动。被隔离的菟丝子总是向着管道生长，这表明番茄释放了一种气味，通过管道飘送到了菟丝子所在的箱子，菟丝子很喜欢它。

如果菟丝子真的会追踪番茄的气味，德莫拉埃斯想，那么她也许可以制造一种番茄气味剂，看看菟丝子会不会喜欢这个。她制造了一些"番茄香水"——番茄茎的提取物，她将其涂在棉签上，再把棉签放在插在花盆里的小棍上，这些小棍就位于菟丝子旁边。作为对照，她又把一些用于制造番茄气味的溶剂涂在棉签上，也放在插在菟丝子旁边的小棍上。正如先前预测的，她成功地诱导了菟丝子向散发番茄气味的棉签生长，以为那儿能找到食物，但菟丝子却并不向蘸着制造番茄气味溶剂的棉签生长。

毋庸置疑，菟丝子靠嗅植物来寻找食物。但正如我前面说过的，这种恶性杂草有它的偏好。如果让它在一株番茄和几株小麦之间选择，它会选择番茄。你把菟丝子放在和两个花盆——一个种着小麦，一个种着番茄——等距的地方任其生长，菟丝子会伸向种着番茄的花盆。就算是用气味剂而不是整株植物来做实验，比起"小麦香水"来，菟丝子也更偏爱"番茄香水"。

就基本化学成分而言，"番茄香水"和"小麦香水"是非常相似的，二者都含有 β－月桂烯，这是一种挥发性物质（已知的数百种单元性气味物质的一种），本身足以引诱菟丝子向其生长。那么，偏好由何而来呢？一个显而易见的推测是，偏好和气味的复杂性有关。除了 β－月桂烯，番茄还释放能吸引菟丝子的另两种挥发物，这让它的香气成为菟丝子完全不能抵挡的诱惑。然而，小麦就只含有 β－月桂烯这一种能引诱菟丝子的气味物质，番茄所含的另两种气味物质小麦都没有。更何况，小麦不仅散发的引诱剂较少，还会释放 (Z)-3- 己烯 -1- 基乙酸酯。比起 β－月桂烯吸引菟丝子来，这种物质驱逐菟丝子的效力更大。实际上，菟丝子是在背离

(Z)-3- 己烯 -1- 基乙酸酯生长，它觉得小麦实在是太恶心了。

叶子的窃听

1983 年，两个科学家团队公布了一个和植物通信有关的惊人发现，这让我们对从柳树到棉豆的所有植物的理解都有了革命性变化。这些科学家声称，树木可以彼此提醒食叶昆虫即将到来。在这些较为浅显的结论背后，是令人震惊的暗示。报道这些研究的新闻很快在大众文化中传播开来，不光是在《科学》杂志上，连全世界的主流媒体都在谈论"会说话的树"。

戴维·罗兹和戈登·奥里安斯是华盛顿大学的两位科学家，他们注意到，如果一些柳树邻近的其他柳树已经被天幕毛虫[4]侵害，那么天幕毛虫就不太会在这些柳树的叶子上大吃特吃。罗兹发现，在病树附近的健康柳树能够抵抗天幕毛虫，是因为它们的叶子含有酚类和鞣质，这使这些叶子的味道对天幕毛虫来说变得很差，而在病树的那些易遭噬食的叶子里就找不到这些物质。因为科学家在病树和它们健康的邻居之间找不到任何物理上的联系——它们不共享相同的根系，枝条彼此也不接触——罗兹推测病树一定向健康柳树传达了一种借空气传播的外激素信息。换句话说，病树向邻近的健康柳树发去了信号："小心！加强防备！"

仅 3 个月之后，达特茅斯学院的研究者伊安·鲍德温和杰克·舒尔茨发表了一篇影响重大的论文，支持了罗兹的报告。鲍德温和舒尔茨一直与罗兹有联系，他们不像罗兹和奥里安斯那样监视在野外开放环境下生长的树木，而是设计了条件高度可控的实验。他们研究的是在不透气的有机玻璃笼中种植的杨树和糖槭[5]幼苗（大约 0.3 米高）。实验中一共用了两个有机玻璃笼。第一个笼子里面有两个居群的幼苗——有 15 株幼苗各有两片叶子被撕成两半，另 15 株幼苗则未受损伤。第二个笼子里面是对照组幼苗，30 株幼苗都没有损伤。两天之后，在受伤幼苗其他的叶子中发现有很多化学物质的含量升高了，这些物质包括已知能够阻碍天幕毛虫生长的酚类和鞣质。在对照组笼子中的幼苗体内则没有这些物质含量升高的迹象。然而，这一实验最重要的结论是，和受伤幼苗在同一笼子中的未受损伤的幼苗的叶子中，也发现酚类和鞣质的含量有显著增长。鲍德温和舒尔茨提出，只要是受损的叶子，不管是在他们的实验中被撕损的叶子，还是在罗兹的观察中被昆虫摄食的柳树叶子，都会释放一种气体信号，使伤树可以和未受损伤的树木通信，结果，那些未受损伤的树木会保护自身免受即将来临的昆虫侵害。

这些早期的有关植物通信的报道常常被科学共同体中的其他人拒绝接受，他们认为研究要么缺乏正确的对照组，要么虽然得出了正确的结果，却夸大了其意义。与此同时，大众媒体却热情接受了"会说话的树"这个观念，把研究者的结论都拟人化了。不管是美国的《洛杉矶时报》、加拿大的《温莎星报》，还是澳大利亚的《时代报》，新闻市场都在为这个观念走火入魔，登载的消息都有类似下面这样的标题："科学家翻动新树叶，发现树木会说话"，"嘘，小小的植物有大大的耳朵"。《萨拉索达先驱论坛报》的头版标题则是"科学家相信，树木会说话，会彼此回应"。《纽约时报》1983 年 6 月 7 日的社论标题甚至是"当树木说话时"，在这篇文章中，其作者推测"说话的树木的树皮比立枯病更狠[6]"。所有这些公众媒体的关注都不足以使科学家接受鲍德温和他的同事提出的化学通信的想法。但是在最近十几年中,植物通过气味来通信的现象在大麦、绢蒿和桤木等植物身上得到了反复验证。而鲍德温在那篇开创性论文发表之后,则继续他卓越的科研生涯[7]。

尽管植物通过空气传播的化学信号受邻近植物影响的现象已经是公认的科学事实,但仍然存在许多疑问:植物真的能彼此通信(换句话说,有目的地彼此提醒即将到来的危险)吗?还是说,健康的植物在窃听受侵害植物的独白,后者本来无意被人听到它在说话?当植物向空气中散发气味时,这真的是通信的一种方式吗,还是说它只是在释放气体?植物会呼叫帮助、提醒邻居的想法富有寓意,充满拟人化的美感,但这真的反映了信号传递的原始意图吗?

为了解决这些问题,墨西哥伊拉普阿托高等研究中心的马丁·海尔及其团队最近几年一直在研究野生棉豆(*Phaseolus lunatus*)[8]。海尔知道当棉豆被甲虫取食时,它会产生两种反应。被昆虫取食的叶子会向空气中释放混合挥发物,而花(尽管并未被甲虫直接侵害)会制造蜜汁[9],吸引以甲虫为食的节肢动物[10]。海尔在德国马克斯·普朗克化学生态学研究所工作,鲍德温也在那里工作。海尔就像之前的鲍德温一样,他想知道棉豆为什么要释放这些物质。

海尔和他的同事把已经被甲虫侵害的棉豆植株放到与甲虫隔离的植株旁边,并监测不同叶子周围的空气。他们从3棵不同的植株上选择了4片叶子——从一棵已经被甲虫侵害的植株上选择了两片叶子,一片已被取食,一片还未被取食;从一棵邻近的、但"未受侵害"的植株上选择了一片叶子；又从与甲虫或受侵害植株隔绝一切接触的一棵植株上选择了一片叶子，作为对照组。他们用一种叫作气相色谱－质谱分析的高级技术（在电视剧《犯罪现场调查》[11]中对这一技术常有展现，香水厂在研发新香水时也要用到它）来鉴定每片叶子周围空气中的挥发物。

海尔发现，同一棵植株上被取食的叶和健康叶释放的气体中，其挥发物完全相同，而作为对照组的叶的周围空气中却完全不含这些物质。此外，与受到甲虫侵害的植株相邻的植株的健康叶周围的空气中也含有挥发物，而且与在被取食的植株那里监测到的物质相同。这些健康植株同样也不太可能再被甲虫摄食。

这一组实验显示，未受侵害的叶如果与受害叶邻近，那么在防御昆虫上就具备优势，这也证实了早先研究的结论。但是海尔仍不相信受害叶会向其他植株"说话"，提醒其他植株近在咫尺的侵害。相反，他怀疑邻近的植株恐怕是像窃听一样"窃嗅"了受害植株的内部信号，这个内部信号本来是发给同一植株的其他叶子的。

海尔用一种简单而精巧的方法改进了实验设置，以检验他的假说。他把两棵棉豆植株彼此靠近放置，但用塑料袋把受害叶密封了24小时。这回当他再检查和第一次实验相同的4种类型的叶子时，结果有所不同了。受害叶仍然释放和以前相同的化学物质，同一棵植株上的其他叶子和邻近植株的叶子现在却和对照组植株上的叶子一样——它们周围的空气中不含这些物质。

海尔和他的团队打开包裹受害叶的塑料袋，利用一个通常用在电脑芯片上给电脑降温的风扇，把受害叶周围的空气吹往两个方向：其一是向同一棵豆蔓上端的相邻叶子吹，其二是向远离豆蔓的空中吹。他们检查了从茎蔓高处的叶子散发出来的气体，测量了它们产生的蜜汁量。被受害叶散发的气体吹拂到的叶子自己开始散发同样的气体，并同时产生蜜汁。没有暴露在受害叶散发的气体之中的叶子则没有这种变化。

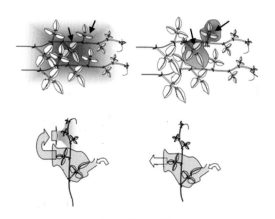

海尔实验示意图

上面两幅图中，海尔以灰色表示受甲虫侵害的叶子，然后检查同一棵豆蔓和相邻另一棵豆蔓上其他叶子周围的空气。上左图显示两棵豆蔓上的所有叶子周围的空气中都含有相同的化学物质；上右图则显示当海尔把受害叶用塑料袋隔离之后，它们周围的空气异于两棵豆蔓上所有其他叶子周围的空气。下面两幅图显示了海尔的第二个实验。他把来自受害叶的空气要么吹向同一棵豆蔓的其他叶子（下左图），要么吹离这些叶子（下右图）。

　　这个结果意义重大，因为它揭示，从受害叶释放的气体对于这一植株保护它其他的叶子免受侵害来说是必需的。换句话说，如果一片叶子被昆虫或细菌侵害，它会释放气味，提醒兄弟叶保护自己免受迫在眉睫的侵害，这就好比在中国长城的烽火台上燃烧烽火是在警示即将到来的袭击一样。通过这种方式，"嗅"到了受害叶散发的气体的叶子对即将到来的侵害有更强的抵抗力，这就保证了植株自身的存活。

　　那么那些相邻的植株呢？如果它离被侵害的植株足够近，那就能从被害植株叶子之间的内部"对话"中获益。邻近的植株窃听到了附近植株的叶子之间的嗅觉对话，从中获取了关键信息，有助于它保护自身。在自然界中，这种嗅觉信号至少可传播数米（不同的挥发性信号传播的距离有远有近，这取决于它们的化学性质）。就棉豆而言，它天然就喜欢群聚而生，这对于实现"一棵有难、八方知晓"的目标来说是远远足够了。

　　当邻近植株被噬食时，棉豆究竟闻到了什么东西？正如在菟丝子实验中描述过的"番茄香水"一样，"棉豆香水"也是多种气味的混合物。2009 年，海尔和韩国的同事合作，分析了从被害植株的叶子散发出来的各种挥发物，以便确定化学信使究竟是什么。而确定化学信使的关键是鉴定那种明显负责与其他叶子进行通信的化学物质。他们比较了遭受细菌感染的叶子散发的物质和遭受昆虫取食的叶子散发的物质。在这两种侵害下叶子释放的挥发性气体成分类似，唯有两种气体不同，可以区别这两种侵害。受细菌侵害的叶子会释放一种叫作水杨酸甲酯的气体；被害虫取食的叶子就不会释放这种气体，但会产生另一种叫茉莉酸甲酯的气体。

水杨酸甲酯在结构上和水杨酸非常相似。在柳树皮中可以找到含量丰富的水杨酸。事实上，古希腊医生希波克拉底描述了一种从柳树皮提取的、能够缓和疼痛和退热的苦味物质，现在已知就是水杨酸。古代中东的文明国也用柳树皮入药，美洲原住民也是如此。许多世纪之后，我们知道水杨酸是阿司匹林（乙酰水杨酸）的化学前体，而水杨酸本身也是现代的许多除痤疮洗面乳的关键成分。

尽管柳树是水杨酸的一个众所周知的天然来源，人们从其中提取水杨酸有些年头了，但其实所有的植物都会制造或多或少的水杨酸。植物同时还制造水杨酸甲酯（顺便一提，水杨酸也是奔肌[12]膏油的重要成分）。可是，植物为什么要生产止痛药和退热药呢？其实如其他任何植物化学物质一样，植物并不是为了人类利益才制造水杨酸的。对植物来说，水杨酸是加强植物免疫系统的"防御激素"。当植物被细菌侵害时就会产生水杨酸。水杨酸可溶于水，它从植物受感染的地方释放出来，通过维管系统到达植物其他部位，发出细菌正在入侵的信号。植株的健康部位于是做出反应，开始进行多种方式的防御，要么杀死细菌，要么阻止瘟疫的扩散。在防御过程中，有的植物会在感染区域周围构筑一道由死细胞组成的壁垒，阻止细菌向植株其他部位移动。有时你在叶子上见到一些白点，可能就是这些壁垒。在这些白点所在的叶片区域，细胞实际上是自杀了，这样它们附近的细菌就不能向远处扩散了。

从更广的层面上看，水杨酸在植物和人体内的功能是相似的。植物用水杨酸帮助避免感染（就是说,植物在生病时会用到水杨酸）。而我们患上引发疼痛的感染时，也会应用水杨酸或其衍生物阿司匹林。

回到海尔的实验。棉豆在受到细菌侵害后散发的水杨酸甲酯是水杨酸的挥发性形态。这个结果证实了 10 年之前由拉特杰斯大学的伊利亚·拉斯金实验室所做的另一工作，即水杨酸甲酯是烟草在遭受病毒感染后产生的主要挥发物。植物可以将可溶于水的水杨酸转化为挥发性的水杨酸甲酯，反之亦然。要理解水杨酸和水杨酸甲酯的不同之处，可以这样想：植物尝到水杨酸，而嗅到水杨酸甲酯（正如我们所知，味觉和嗅觉是紧密相关的感觉。主要不同就在于，我们用舌头尝到可溶于水的分子，而用鼻子嗅到挥发性的分子）。

在海尔把受害的叶用塑料袋包起来的时候，他隔绝了水杨酸甲酯从受害叶飘往同一棵豆蔓或邻近植株未受侵害的叶子的过程。而当来自受害叶的空气吹到未受侵害的叶子之上，使它终于闻到水杨酸甲酯的时候，这片叶子就通过叶片表面微小的开口（叫作气孔）吸入这一气体。一旦进入叶片深处，水杨酸甲酯就重新转化为水杨酸，而我们已经知道，这就是植物在生病时所服用的药物。对于茉莉酸甲酯来说，情况是一样的[13]。

植物的嗅觉很灵敏

植物会散发多种特殊气味。想象一下夏日走在花园小径上闻到的玫瑰芳香气味，暮春切下的青草的气味，或是夜晚绽放的茉莉气味。在农产品市场上，与许多种其他气味混合的褐色香蕉甜美扑鼻的气味又怎么样？还有，不用看我们也知道水果是不是熟得可以吃了，而没有哪个去过植物园的游客能忘记世界上最大（也是最臭）

038

的花——巨魔芋[14]（*Amorphophallus titanum*），也叫"尸花"——那令人作呕的气味（好在它每隔数年才开一次花）。

　　许多这样的气味都用于植物和动物之间的复杂通信。气味可以引诱各种传粉者访问花朵，引诱种子传播者访问果实。正如作家迈克尔·波伦所指出的，这些气味甚至还引诱人类在全世界传播花卉植物。然而植物不只是会散发气味。正如我们刚才看到的，它们毫无疑问还能闻到别的植物散发的气味。

　　当然，我们也像植物一样能感觉到空气传播的挥发物。我们用鼻子去嗅很多东西，尤其是食物。但是我们要记住，"嗅觉"绝不只意味着闻到好吃的食物。生活中充斥着诸如"恐惧的气味"或"我闻到了麻烦"之类带有嗅觉色彩的表述，嗅觉是和记忆、情绪紧密绑定在一起的。我们鼻子的嗅觉感受器直接和边缘系统（情绪的控制中心）及人脑（在演化上最古老的部位）相连。我们像植物一样通过外激素通信，只是我们常常意识不到罢了。

　　外激素是一种由一个个体散发，触发另一个个体的社会性反应的激素。从苍蝇到狒狒的许多动物都用外激素交流各式各样的状况，如社会支配、性的接受性、恐惧等。我们同样既会被气味影响，又会散发气味去影响周围的人。比如说，在密集的住所生活的女性，其月经周期会变得同步，已知这就是受汗液中的气味暗示的结果。近期《科学》上的一篇（轰动性的）研究显示，仅仅是闻到女性流出的与负面情绪相关的无气味的眼泪，就可以降低男性体内的睾酮水平，抑制其性欲。如此微妙的嗅觉信号可以潜在地影响我们心理的许多方面。

植物和动物都能感知空气中的挥发物，但对植物来说，这真的能称为嗅觉吗？植物显然没有嗅神经，截至 2011 年，在植物体内的挥发物受体中也只有乙烯受体这一种得到确认。但是和我们一样，成熟的水果、菟丝子、棉豆以及自然界中的其他植物都能对外激素做出反应。植物能察觉空气中的挥发物，能把这一信号转化为生理反应（虽然它们没有神经）。这当然可以被称为嗅觉。

那么，如果植物能以独特的、没有鼻子的方式"嗅"到东西的话，是不是在没有舌头的情况下也能"尝"到东西呢？

注释

[1] 法国一款久负盛名的香水。——译者注

[2] 胁迫（stress）是专门的生态学术语，这个词直译是"压力"。——译者注

[3] 麦金托什（McIntosh）是苹果的一个品种，在美国市场上常见。——译者注

[4] 天幕毛虫是一类蛾的幼虫，可以在树木枝间吐丝结成较大的网，如同帐幕一般。很多种类是重要的林业害虫。——译者注

[5] 也叫糖枫，树皮汁液可制糖，是原产于北美洲的重要经济植物。——译者注

[6] 这是一句谐音双关语。在英文中"树皮"（bark）一词还有"吠叫"的意思，而"立枯病"（blight）和"啃咬"（bite）音近。"吠叫比啃咬更狠"是英文成语，意思相当于"刀子嘴，豆腐心"。——译者注

[7] 鲍德温现在是德国马克斯·普朗克化学生态学研究所分子生态学系的主任。——作者注

[8] 又叫大白芸豆、利马豆，在中国也多有种植。——译者注

[9] 作者在这里弄错了棉豆用于吸引害虫天敌的蜜汁的来源。根据海尔等人的论文，这些蜜汁是由叶上的蜜腺分泌的，和花没有关系。——译者注

[10] 许多以昆虫为食的节肢动物与植物协同演化，能够识别被食草昆虫侵害的植物散发的挥发性信号，并把这种信号作为觅食线索。——作者注

[11] 原剧名为 *Crime Scene Investigation*，缩写为 *CSI*，是从 2000 年开始上映的一部著名的美国电视连续剧。——译者注

[12] 奔肌（Bengay）是由美国强生公司生产的一种止痛膏的品牌。——译者注

[13] 茉莉酸甲酯是茉莉酸的挥发性形式，茉莉酸是植物的叶子遭到食草动物损害时释放的防御激素。——作者注

[14] 严格地说，巨魔芋是世界上最大的花序。它的一朵"花"实际上是由众多的小花组成的。——译者注

第三章

植物能尝到什么

What Can Plants Taste

让大多数植物吃点苦头，
它们的味道尝起来会更好。

　　我们已经知道，菟丝子可以嗅到它的猎物，区分它所喜爱的番茄和它所讨厌的小麦。我们可以说这种植物有口味偏好。我自己也尝过番茄汁和小麦草汁，凭着这些体验，我可以有把握地说菟丝子还真是挺会挑的。不过，这真的意味着菟丝子和其他植物能尝到味道吗？

　　还是让我们先看一下我们自己的味觉，再判断植物是否能尝到什么。人类的味觉与嗅觉非常相似。我们闻到的是挥发性的化学物质，尝到的则是可溶性的化学物质。比如说，我们能闻到柠檬皮中的柠檬烯，能尝到柠檬酸——正是它让柠檬变得奇酸无比。对我们哺乳动物来说，味觉就是口部和喉部接触到一种物质时所觉察到的风味感觉。而且正如我们的鼻子里有嗅觉受体可以与挥发性分子结合，对它们做出反应，我们的嘴里也有数以千计的味蕾可以与可溶性分子结合，对它们做出反应。虽然你可能会以为舌头上那些微小的突起就是味蕾，但它们实际上叫作"舌乳头"，每个舌乳头都包含有很多味蕾（口腔其他部位也是如此）。每个味蕾又含有 5 种味觉感受器，可以尝到 5 种基本味道——咸、甜、苦、酸和鲜。每一个味觉感受器都与味觉神经相连，最终连到脑中的味觉中枢。

味蕾里面味觉感受器的作用方式也很像鼻子中的嗅觉感受器，都拥有类似锁钥系统的机制。一种溶解在水中的特定化学物质可以与感受器外面的一种专门的蛋白质结合。比如说，咸味感受器可以与钠结合，钠附着到咸味感受器上之后，一个电信号就此生成，并从咸味感受器传播到味觉神经元，再抵达脑中的味觉中枢，然后脑便把这个信号解释为咸味。因为一个味蕾可以同时对多个信号做出反应，我们的舌头可以感受到非常复杂的味道组合，其中就有我们喜欢的一些风味。

植物显然没有嘴巴，但它们确实能区分不同的溶解性化学物质。如果把植物比拟为动物，那么它们的"舌头"就在根部。植物的根扎入土壤，除了吸收必需的水分和矿物质，满足营养、生长和发育的需求，还可以感知土壤中来自邻近的根和微生物的化学信息。就像我们的营养需要从我们所吃的食物（食物在这段旅程的开头会让我们尝到味道）获取一样，植物从土壤中吸收的矿物质也是植物营养的必需成分。

和人类不同，植物知道如何生产大部分养分。我们人类需要通过摄取动物性或植物性食物来获得热量；植物却有独特的本领，可以为自己制造热量（然后又被我们吃下）。植物通过光合作用制造糖分，所用的基本材料只是二氧化碳和水，之后又把这些糖分转化为蛋白质和更复杂的糖类（碳水化合物）。不过，尽管植物可以给自己制造糖分，但它们仍然需要依赖外部资源获取生命必需的矿物质。如氮、磷、钾、钙、镁、铁、锌、硼、铜、镍、钼和锰这些微量元素都是植物营养的关键组分。以光合作用为例，如果没有大量镁和锰的支持，它就不可能发生。每一个绿色的叶绿素分子中央都含有镁，好比我们血液中红细胞里的每个血红蛋白分子中央都含有铁。锰离子在光合作用过程中的一个叫"水裂解"的步骤中不可或缺。在这一系列非常复杂的光化学反应中，电子从 2 个水分子中剥夺出来，运送给光合蛋白质。太阳光可以激活这些电子，形成非常类似电池的电化学梯度，从而为叶绿体提供动力。水裂解的副产物之一是由一对氧原子形成的氧分子（O_2），释放到空气中就成为我们呼吸的氧气。锰因此构成了一座化学桥梁，把电子从水中导出，供光合作用之用。如果没有锰，水就不能裂解，我们也无氧可吸。所以，植物在土壤中尝到的东西对它（以及我们）的生存极为重要。

人类的味蕾为每一种味道都准备了专门的细胞；相比之下，植物则采取了一种较为通用的策略。植物的根里并没有专门感知镁或专门感知钾的细胞，但每个细胞都拥有专门的一套受体，负责处理各种矿物质。比如说，在根细胞的外层上就能找到两类蛋白质，可以与氮结合，把氮运输到根里。在根细胞的细胞膜上还能找到至少两类不同的蛋白质，可以感觉到锰。对每一种大量元素和微量元素，科学家都识别出了能与它结合的特殊蛋白质。因此，每一个细胞都含有许多这样的蛋白质，可以让细胞识别和吸收土壤中各种各样的矿物质。对人类来说，尝味和营养吸收是彼此分离的生理过程，但与此相反，植物的受体与养分结合的过程可以让养分内化在整个植物体内运输，这样就把感觉、信号传递和营养吸收直接联合在一起了。

在某个具体时刻，植物可以调节某种矿物质的吸收量。比如说，当植物受到胁迫时，会吸收更多某种可以帮助它们渡过难关的矿物质。举个具体的例子：根据近期的一项研究，如果土壤的 pH 变小（即土壤变得较酸），拟南芥的根在感受到这一酸度变化之后，就会比正常条件吸收更多的镁。这种土壤变酸的事件在农业生产中经常发生，是不合理施肥导致的。营养缺乏也会触发植物的反应。比如生长在缺铁环境中的拟南芥的根就会分泌香豆素之类化学物质，科学家认为它们要么有与铁结合的能力，要么可以杀死附近那些能利用仅有的少量铁的微生物，从而起到保护自身的作用。

　　植物能感知土壤中的矿物质，并调控某种矿物质的吸收量，就此而言，植物肯定知道它在干什么。根从土壤中吸水，通过木质部——里面有植物输水的"血管"——把水输送到茎叶。根从土壤中获取养分的过程以及养分在根细胞之间输送的过程最终都要受到严密的生物调控。尽管在单个的根细胞之间，矿物质只能被动地吸收和溶解，但是根却可以对矿物质进入木质部的过程加以严密的调控。

　　为了理解根如何调节这个过程，我们需要了解一点根部结构的知识。如果你把胡萝卜横向切成适于生吃的薄片，那么你会在切片的中间看到一个圆环，这个圆环叫作维管柱。维管柱含有许多木质部管道和韧皮部管道，前者把水分从根输送到叶，后者把糖分沿着相反方向从叶输送到根。（你可以做个便捷的小实验：把胡萝卜片再分成几个部位，看看哪个部位最甜。你会发现是胡萝卜片中部最甜，那里就是韧皮部！）而如果你把胡萝卜纵向切开，则能看到维管柱贯穿了胡萝卜的全长。矿物质在向上输送到植物地上部分之前，要先进入维管柱，再进入木质部管道，它们进入维管柱的第一步则是穿过一层名叫内皮层的、薄薄的组织（没有显微镜很难看清）。内皮层包围在维管柱外面，而它本身在细胞外面又包有一圈蜡状的物质，可以阻止水分和矿物质从细胞间隙渗入、渗出。这样一来，矿物质就必须穿过内皮层细胞的细胞膜，才能从内皮层外侧到达内侧，然后进入木质部。而且只有当内皮层细胞膜上存在某种矿物质的专门受体，且其处于活动状态时，矿物质才能向内输送。内皮层因此扮演了门卫的角色，可以通过调控来决定哪些矿物质能进入木质部、到达植物其他部分，哪些矿物质不能。因此，如果和我们自己的消化系统做个宽泛的比较的话，植物首先"尝"到根表面的土壤中的矿物质，然后会在内皮层这里最终决定哪些矿物质要充分地摄取、内化（就像我们的肠道也能调节养分的摄取一样）。而在更基本的层次上，植株尝味的机制与人类维持矿物质内稳态的机制非常相似。

饮水的植物

我们都知道，光是吃东西还不足以让人活下去。我们还需要水。植物也是如此。它们不仅需要水来进行光合作用，而且和我们一样要维持细胞的水平衡。而所有植物的叶和茎都需要水来保持直立状态。如果你忘记给家里养的花浇水，那么你会看到它们的叶子卷起，茎秆打蔫。这是因为植株细胞失去了水。根从土壤吸水，通过木质部把它运送到枝叶中。植株的需水量变化很大。正在生长的植株比休眠的植株需要更多水分，植株在炎热的天气中要比在凉爽的天气中需要更多水分。水还能让溶解在其中的矿物质从根部输送到需要矿物质的叶，或是让溶解在其中的糖分从叶输送到根部。植物甚至还有独特的出汗方式——蒸腾作用。植株在热天会比在冷天损失更多水分，因为热天水会在叶上蒸发，给植株降温。你是否曾经觉得奇怪——为什么天然的禾草在大晴天也不会变热，而人造的假草却能烫得让你难以下脚？其实这就是蒸腾在发挥着作用。植株会因为蒸腾作用而持续不断地失水。在单独一个炎热的夏日，一棵栎树就能蒸腾掉100多加仑[2]的水！

显然，植物在土壤中能获得多少水和能获得多少养分一样，都会影响和限制它的生长。根作为最先与土壤中的水和养分打交道的器官，需要具备找到水和养分的能力。换句话说，要能在土壤中"尝"到它们。

植物可以在向光性运动中感知到光，在向地性运动中感知到重力（即植物可以区分上和下，我会在第六章中加以详述）。科学家对这两种运动的有关分子机制已经了解得相当清楚了。然而，早在19世纪，伟大的植物学家尤利乌斯·冯·萨克斯就描述了植物感觉到水、向水生长的现象，而这种向水性的机制对我们来说仍然是个谜。我的朋友希勒尔·弗罗姆是特拉维夫大学植物科学与食品安全学院的研究者，他的团队一直想解开这个谜。他们的研究表明，在干燥沙土中穿行的植物的根会向水源弯曲生长。令人意外的是，尽管生长素这种激素对于植物的向光弯曲至关重要，但根的向水弯曲却并非受生长素控制。因此，虽然表面上看都是弯曲生长，但植物显然有不止一种让自己弯曲的机制。

当土壤水位下降时，根还能向植物体的绿色部位发出信号，植物就利用这个信息改变根系结构。有趣的是，尽管你可能会认为植物在周围水分不足的情况下会减缓生长速度，但在缺水初期，事实恰恰相反。植物在干旱初期经常会加快根向深层土壤生长的速度，以便搜寻新的水源。与此同时，植物又会停止浅层根系的生长，因为那里的土壤通常最为干旱。植物就这样押上赌注，集中精力向最可能找到水的地方长去。虽然我们已经知道水如何进入植物细胞，但经过多年研究之后，科学界才开始了解植物如何感觉到水在哪里、如何决定把根向深处扎去。

当心！干旱来袭！

在上一章中，我讲到了伊安·鲍德温和其他植物生物学家的研究表明植物可以利用挥发性化学物质传递细菌入侵或食草动物来袭的消息。那么，植物能用根来传递缺水的信息吗？

我的同行阿里埃勒·诺沃普兰斯基和他在本古里安大学的研究生好奇植物对环境状况的通信。更具体地说，他们想看看在最佳环境中生长的植株如果种在靠近受到环境胁迫的植株旁边，在行为上是否会有差异。换句话说，处于干旱中的植株是否能给邻居报信，告诉它恶劣的环境即将来临？

他们管这个实验设计叫"分根"。在分根实验中，将一棵植株从花盆中取出，再把它的根分成两部分，分别种在两个盆（1号盆和2号盆）里。然后，将第二棵植株也从花盆中取出，把它的根分成两部分，其中一半根种在有第一棵植株的盆（2号盆）里，另一半根则种在一个新盆（3号盆）里。同法将第三棵植株的一半根种在有第二棵植株的盆（3号盆）里，另一半根则种在一个新盆（4号盆）里，以此类推。在他们的研究中一共用了7个盆，串联起6棵豌豆（*Pisum sativum*）。研究者通过改变1号盆的环境，使第一棵豌豆处在人工模拟的干旱环境中。通过添加一种叫甘露醇的非活性糖[3]，他们可以马上模拟出干旱环境。植物科学家经常使用甘露醇来诱发植物的干旱反应。

　　植物缺水之后最早做出的反应之一，是关闭叶片上气孔。如果用显微镜观察，气孔看上去就像一张张小嘴。这些小孔可以让光合作用所需的二氧化碳进入植物体，让光合作用产生的氧气逸入大气层。在蒸腾作用中，水蒸气也可以通过开放的气孔逸出。植物会主动开闭气孔，作为对环境的反应。比如植物要在干旱时期减少水分损失，就会主动关闭气孔。尽管这显然会放慢光合作用的速度，甚至使光合作用停止，但可以保护水分，让植物适应暂时的缺水状况而存活下来。根会释放信号告诉气孔何时关闭。

　　诺沃普兰斯基及其学生发现，在他们把甘露醇添加到1号盆的土壤中之后，尽管第一棵豌豆有一半根（2号盆）仍然保持良好的浇水状态，但它还是在15分钟之内关闭了气孔。这样迅速的反应并不令人意外，人们好多年前就知道了。但出乎意料的是，在甘露醇添加到第一个盆之后的15分钟之内，第二棵豌豆的气孔也关闭了，而它有一半根与第一棵豌豆的一半根一同种在同一个浇水良好的花盆（2号盆）中。这个反应使研究团队推测，有一个信号从同一棵植株受到胁迫的根传递到了未受胁迫的根，又导致未受胁迫的根释放了某种化学信号到土壤中，而使邻近的植株知道可能有干旱正在逼近。

　　当诺沃普兰斯基检查另几棵相邻的豌豆，也就是编号为3、4、5和6号盆里的植株时，发现它们叶片上的气孔也在1号盆添加了甘露醇之后关闭了，只是需要的时间比较久。换句话说，他们监测到信号可以从受胁迫的植株到离它最近的未受胁迫植株进行接力传递，从最初的胁迫发生地点一气传到了五个花盆远的植株那里！他们知道这个信息一定是通过土壤传递的，从根系到根系，因为如果把豌豆种在各自的盆中，让相邻的植株根系不接触，那么即使把它们放在很靠近第一棵豌豆的地方，它们的气孔也看不出有任何反应。

诺沃普兰斯基的实验结果并不一定意味着受胁迫的植株会"有意"提醒它的邻居。"意图"这个词在植物生物学中显然是个不可靠的概念。尽管这种可能存在的利他行为确实深深扎根（我不是有意使用这个双关语）于演化生物学理论中，特别是在考虑群体适应性的时候，然而根的通信也可以解释为一种植株内的现象。不妨想想一棵树，它的根可以向外扩展到几米远的地方，这时候它的一部分根遇到的土壤非常可能比另一部分根遇到的土壤更干旱。这时候，最先遭遇水分不足的根就可以通过向土壤释放化学信号来提醒它的姐妹根，干旱已逼近，于是整棵树都可以迅速应对这种环境挑战。诺沃普兰斯基研究组又进一步考察了"根际正相互作用"这个概念，他们指出，根到根的通信甚至可以调节植物的开花时间。他们的研究表明，把低芥酸油菜植株种在短日照的实验室环境中，花期本来会推迟，但如果另有低芥酸油菜植株种在诱导开花的长日照环境中，从长日照环境中低芥酸油菜的土壤中提取水分去浇灌短日照环境下的低芥酸油菜，就可以让它们更早开花[4]！尽管这一通信中的具体化学物质还不清楚，但它肯定能被根尝到味道。

抢水喝的植物

膏香木是一种荒漠灌木,在英文中通常叫"查帕拉尔"(chaparral)或"杂酚油木"(creosote bush),在墨西哥则叫"女总督"(gobernadora general)。膏香木可以抑制周围植物的生长,把宝贵的水资源占为己有。如果膏香木是个国家,联合国就会指责它没有尊重邻国的水权!然而,植物如何知道邻近的其他植物是它的朋友或仇敌呢?如果是仇敌的话,膏香木又如何保证自己能占据水资源,而邻近的其他植物却得不到水分?

加利福尼亚大学圣巴巴拉分校的布鲁斯·马哈尔推测,是膏香木的根部在地下看不到的地方隐秘地打着这场围困战。如果一株植物的根可以限制另一株植物的根生长,那么这就能解释为什么膏香木和其他植物——比如豚草属(*Ambrosia*)的沙丘木豚草[5]——在自然界中会彼此分离,形成分布均匀、界限清晰的灌木丛。

为了检验这个假说,马哈尔及其研究生雷根·卡拉威做了以下实验:首先,他们把沙丘木豚草和膏香木分别种在单个的浅盘中,浅盘的底部透明,可以让研究者看到根部。这样一来,如果把浅盘倾斜一个角度,他们就可以在根沿底面向下生长时测量出它伸长的速度。当植株长到一定大小之后,他们把浅盘相邻放着,好让其中一个浅盘植物(不妨称之为"受试植株")的根可以伸到另一棵植物(不妨称之为"目标植株")所在的浅盘中。然后,在受试植株的根靠近目标植株的根时,他们继续测量前者的生长速率。作为对照,研究者还用涤纶线做了一个人造的"目标"根系,埋在沙土中。

他们的发现可以说令人惊异。这两种植物的根对涤纶线一点都不关心，继续以正常速率延伸，就这样越过了涤纶线。然而，如果一棵沙丘木豚草的根碰到了邻近的另一棵沙丘木豚草的根，它就停止生长；与此同时，在没有邻近的沙丘木豚草根系打搅的其他方向上，沙丘木豚草的根却仍然继续生长。马哈尔由此得出结论：沙丘木豚草能够保证它的根系不与属于同一物种的友好邻居相互竞争，这样就让两棵植株的根系合起来能占据土壤中的更多空间，也因此获取更多水分。有趣的是，如果同一棵植物自己的根彼此相遇，它们并不会停止伸长，这进一步表明沙丘木豚草可以区分自我和非我。

与此不同，膏香木的根对附近另一棵膏香木的根或沙丘木豚草的根采取了无所谓的态度，即使和这些异己的根相遇，也照例生长不误。因此，膏香木的根可以直接与沙丘木豚草竞争水分。然而，沙丘木豚草的根在遇到膏香木根时做出的反应却是停止生长。一旦沙丘木豚草的根伸到离膏香木的根几厘米的地方，它就不再伸长。这样一来，膏香木不仅可以攫取沙丘木豚草的水源，而且它的根还能阻止沙丘木豚草侵犯它的地盘。显然，膏香木在实施化学战，释放了某类可溶于水的化学信号；沙丘木豚草的根尝到这种化学物质之后便会竭力避开它。

然而，也不是所有植物对陌生邻居的存在都采取害羞躲避的反应方式。野牛草（ *Buchloe dactyloides* ）也能区分自我和非我。野牛草植株的根在遇到同一个体的其他根时，会长得又少又短，但在遇到其他野牛草植株的根时却会迅速生长，可能是在试图竞争资源。然而，用拟人化的话来说，真正令人惊异的是野牛草竟然可以"忘记"自己是谁！从同一棵植株上通过无性繁殖长出的新植株一旦相互分离，随着时间推移，彼此就会逐渐陌生，最终便把对方视为遗传上相异的植株。换句话说，这些植株的根在分离两个月之后，虽然最初都是源于同一棵植株，却再也识别不出彼此的同胞兄弟之情，一心只想怎么压过对方！

植物喜欢吃的肥料

如果考虑到植物味觉对植物生理的重要性，那么我们便无须惊异于植物营养对蒲公英、你在家里种的花或意大利栽培的用来制作通心粉的硬质小麦具有同等的重要性。生长在养分贫瘠的土壤中的植物会发黄，难以茁壮成长。我们在家会用肥料为植物补充营养，现代农业生产中也是如此，这些肥料含有大量的矿物质。我们很多人每天都会服用复合维生素，因为膳食中的食物有时不能满足身体健康需求；同样，栽培植物也需要额外的肥料，因为土壤和水所含的营养有时不能满足植物健康需求。

我们对植物营养和植物味觉的理解与现代农业密切相关。在 19 世纪初，全球人口只有大约 10 亿，那时候差不多三个人里面就有一个人受着饥饿的折磨。而在我出生之后，我眼看着全球人口从 30 亿猛增到了 70 多亿。尽管还有大约 7 亿人每晚只能饿着肚子上床睡觉，但就比例来说，今日世界遭受饥饿之苦的人口要比人类历史上任何时候都少。换句话说，尽管今天在地球上生活的人口比历史上任何时刻都多，我们却能设法填饱世界上大部分人的肚子。再考虑到地球上的人口越多，可利用的农业用地就越少，这就更显得不同寻常。甚至在今天，虽然地球表面有 28%

的土地适于耕种，我们每年仍然会因城市化和其他活动损失 10 万平方千米左右的耕地。然而，现代农业却通过提升产量减少了饥饿。

农业上有三次革命改变了人类历史。第一次农业革命发生于大约 1 万年前，我们的祖先开始在世界多个地方栽培农作物。植物在被驯化的过程中引入了新的遗传特征。比如说小麦，其野生类型今天仍然像杂草一样生长在以色列、叙利亚、土耳其和新月沃地[6]的其他国家，它们的籽粒在成熟时会散落在地上，收获起来非常困难。然而，驯化小麦让其籽粒在成熟时仍然留在茎秆上，收获起来就比较容易了。导致这一特征变化的是一个叫"Q"的基因中的一个突变，栽培小麦品系由此得以开发，在农业上一直种植至今。小麦在中东的驯化、玉米在美洲的驯化、水稻在远东的驯化[7]，以及其他谷物、豆类、果树和蔬菜的驯化最终让城市生活和现代文明发展成今天我们所知的样子。

第二次农业革命始于 20 世纪初，正是在这次农业革命中，人们对植物味觉的理解开始发挥作用。20 世纪农作物产量的提升要归功于三大技术成就——农学家培育了各种作物的高产品系；高科技灌溉方法的应用使农业对降雨的依赖程度大为降低；化学肥料投产并得到广泛使用。

现代农民并不是最早知道植物要有好营养才能有好收成的人，他们只是最早让植物味觉的科学与化学和农业紧密结合的人。几千年前，从亚洲的中国到欧洲的各国都已使用粪肥来增强土壤肥力，提高农田产量。事实上，粪肥所含的钾、氮以及其他植物根系能感知和吸收的必需矿物质都非常丰富。

从 19 世纪中期到 20 世纪早期，随着农业逐渐产业化，人们企图发明人造肥料促进植物的生长，从而无须再收集和浇灌以前用的那种东西。诺贝尔奖获得者卡尔·博施、弗里茨·哈伯和威廉·奥斯特瓦尔德完善了把大气中的氮转化为可以利用的氨或硝酸的工艺，自此以后，在 20 世纪前半叶，人类首次生产出了真正的合成肥料。含氮和磷的合成肥料的生产和应用不仅提高了农田产量，也让人们拥有了高产的农作物。

20 世纪中期及以后新培育的作物比以前的品种产出更多蛋白质和糖类，这要归功于几个新的遗传特征，它们有的可以影响花期，有的可以控制果实和种子的大小。高产品系的小麦和水稻最重要的性状之一是它们个子较矮——用农业上的行话来说就是"矮化型"——而茎秆却较粗，于是可以支撑住又大又重的谷穗。这些矮化型小麦和水稻还可以把更多的能量用于谷粒的发育，而不是茎叶的生长，于是进一步提高了单产。然而，这些高得惊人的单产需要人们加强作物的营养，在作物外部施用肥料。换句话说，要出产更多的果实和种子供我们所用，这些新优作物品系需要比以前的品系吃得更快、更多。

1960—1980 年，美国农业生产中钾、磷和氮肥用量（先后）增至原先的 2 倍、3 倍和 4 倍。大豆栽培中的化肥用量更是增加到原来的 10 倍左右！ 1964 年，美国还只有不到一半的小麦田施用合成氮肥；而到 2012 年，近 90% 的小麦田都施用合成肥料。在此期间，美国小麦的单产也几乎翻了一番，达到每亩[8] 224 千克（是 20 世纪初单产的 5 倍）。继美国和其他西方国家农业获得巨大农作物产量之后，发展中国家中的墨西哥、印度、中国、越南和其他许多采用了这些新技术的国家的农作物产量也都有了很大提升。

　　1970 年，诺曼·博洛格荣获了诺贝尔奖，获奖理由是培育了高产矮化小麦品系，并在发展中国家推广了它们的农业应用。重要的是，博洛格所获的奖项并不是诺贝尔奖中的哪个科学奖，而是诺贝尔和平奖。人们相信他的努力能把大家从饥饿中拯救出来。博洛格和不计其数的其他科学家致力于培育粮食作物的高产品种，推广灌溉基础设施，使管理技术现代化，并把杂交种子、化肥和农药分发到农民手中。正因如此，1965—1970 年，巴基斯坦和印度的小麦单产翻了一番。印度在 20 世纪60 年代中期还在经历饥荒，那时印度有大约 7 亿人口，粮食无法满足人们的需求。但到 2016 年，虽然印度人口已经翻了一番，却成了粮食净出口国！这并不是说印度就不再有饥饿。不幸的是，印度仍然有很多地方存在营养不良的人，但这是经济原因所致，而非农业原因造成。通过采用现代农业技术，印度已经成了农业强国。

　　上面这些成就被人们称为"绿色革命"（在这个用语提出的年代流行用颜色来给革命命名，什么红色革命、白色革命之类）。绿色革命并非没有带来问题，如施用在田中的化肥量大于作物的需求量，结果很多矿物质不仅被浪费了，而且最终汇集到天然水体中，导致藻华和低含氧量的"死区"，使其中的鱼类和其他海洋生物难以存活。更何况，磷和钾是不可再生的矿产资源，尽管按照当前的消耗速度，目前的资源储备还够好几十年之用，但我们也要把这些资源留给未来。此外，只栽培少数几个高产品系会深深危害农作物的遗传多样性。在绿色革命之前，印度栽培有数以千计的水稻品种，但今天在印度的大部分稻田中只栽培有区区十种商业化的高产品种。

第三次农业革命现在正在全世界的实验室中进行，其目标是在保持高产以满足全世界几十亿人需求的同时弥补绿色革命的不足。第三次农业革命旨在精确控制植物吃的量。与旨在为个人提供精准治疗的个体化医疗非常相似，"精细农业"的目标在于为具体某种作物、单块农田，甚至单棵植株提供精准的种植方案。举例来说，通过遥感和计算机技术，农民现在可以在田里施用精确数量的肥料，并对什么时候施用、在什么地点施用也都十分清楚。除了发展新型可持续农业技术之外，植物科学家还培育了新的作物品系。既然科学家已经知道了很多"绿色革命"特征的遗传基础，那么这些特征就可以添加到其他很多较为传统的品种中，由此便可在保持产量的同时提高作物多样性。全世界的植物科学家还在努力培育不需要那么多肥料和水也能保持高产的新品系。要做到这一点，我们首先就要理解植物如何"尝"到矿物质，如何感知和吸收它们，然后便可以提升作物进行这些生理活动的效率。有了这样的品系，化肥的施用量就可以减下来了。

那么，如果植物能在没有嗅神经的情况下以自己独特的方式去"嗅"，又能在没有舌头的情况下"尝"到土壤中的化学物质，它们又是否能在没有感觉神经的情况下"触"到什么呢？

注释

[1] 黛安娜·肯尼迪（Diana Kennedy），墨西哥烹饪专家。——译者注

[2] 1加仑（美制）约等于3.79升。——译者注

[3] 严格地说，甘露醇是糖醇，而不是真正的糖。"非活性"指不能被生物体吸收利用。——译者注

[4] 正如我们在第一章中讲过的那样，改变白天的光照时长可以调控低芥酸油菜的开花时间。低芥酸油菜是长日照植物，在白昼较长的夏季开花，不在白昼较短的秋季或冬季开花。——作者注

[5] 原书未提及马哈尔实验中所用的豚草属植物的具体学名；译者查阅论文后确定是 *Ambrosia dumosa*，新拟中文名"沙丘木豚草"。——译者注

[6] 新月沃地是西起埃及尼罗河谷、北经地中海东岸、东经安纳托利亚高原南缘到两河流域的一个新月形地区，是干旱的西亚和北非地区中适于农耕的地带。——译者注

[7] 根据最新研究，水稻驯化于中国南方，可能是长江中游地区或西江中游地区。——译者注

[8] 1亩 ≈ 666.7 平方米。——译者注

第四章

植物能触到什么

What Can Plants Touch

我会触碰一百朵花，
却不摘一朵。

——埃德娜·圣文森特·米雷[1]《山上的下午》

　　大多数人每天都会接触到植物。有时候，我们感觉植物柔软而令人舒适，比如我们躺在公园草地上午睡或是躺在撒满了新鲜玫瑰花瓣的丝质床单上。有时候，我们又觉得植物粗糙而刺人，比如在林中行走时要绕过恼人的荆棘才能找到一株悬钩子树的时候，或是被横倒在街道上的满是节瘤的树干绊倒的时候。不过，更多的时候，植物像是消极无为的物体、呆滞不动的道具，以致我们根本都意识不到我们在和它们打交道。比如，我们从雏菊花上拔下花瓣，我们锯掉树木难看的枝条。可是，万一植物知道我们在触碰它们怎么办？

　　发现植物知道自己什么时候被触碰过，很可能让人觉得有点意外，甚至可能让人有点惊慌。然而，植物不仅知道什么时候被触碰过，还能够区分热和冷，知道什么时候它们的枝条在风中摇曳。植物能感受到直接的接触，比如说藤本植物，一旦接触到篱笆之类的物体，就开始快速生长，好让自己蔓延在这些物体之上；当昆虫落在捕蝇草的叶子上时，捕蝇草会特意猛然合上叶子的两瓣。而且，植物似乎不喜欢太多的触碰，简单地触碰或摇晃一株植物就可以改变它的生长状态，甚至导致其生长停滞。

当然，植物的"触"不是以这个字的传统意义所示的方式进行的。植物不会感到难过，不会对新工作有什么感觉[2]。它们不会对某种心理或情绪状态有什么直觉意识。但是植物的确能对接触产生感知，有些植物的触觉比我们还灵敏。像刺果瓜（*Sicyos angulatus*）[3]这样的植物，在它们开始触摸的时候，其触觉要比我们灵敏十倍。刺果瓜的藤蔓可以感受到重仅 0.25 克的物体，这足以诱导藤蔓向邻近的物体缠绕过去。与之相比，大多数人只有在手指上的细丝重量达到 2 克时才能感觉到它的存在。不过，尽管植物比人类有更灵敏的触觉，但在感知触碰时，植物和动物还是有一些令人惊奇的相似之处。

我们的触觉涵盖了从烧伤的疼痛到微风的轻拂等许多不同的感觉。在我们开始接触物体时，神经受到激发，向脑发送信号，脑便告诉我们各种类型的感觉——压觉、痛觉、温觉等。所有生理感觉都经由我们的皮肤、肌肉、骨骼、关节和内脏上专门的感觉神经元而被我们的神经系统感知。通过不同类型的感觉神经元的活动，我们体会到了多种多样的生理感觉，比如挠痒、剧痛、热度、轻触或隐痛。正如不同的光受体专门感受不同颜色的光一样，不同的感觉神经元也专门感受不同的接触体验。不同的感受器可以分别被蚂蚁在臂上的爬行或健身中心高强度的运动所激发。我们的身体里还有对冷和热的感受器。不过，这些感觉神经元的工作方式在本质上都是相同的。当你用手指接触东西时，感知触碰的感觉神经元便把信号传递给中间神经元，中间神经元又传递到脊髓的中枢神经系统。脊髓中枢神经系统中的其他神经元又把信号传递给脑，脑便告诉我们碰到了什么东西。

神经传递的原理，对于所有神经细胞来说都是一样的：电波的传递。初始的刺激引发了一种叫作去极化的快速电化学反应，并沿着神经元扩散。反应产生的电波会刺激邻接的神经元，这样电波就在下一个神经元中继续传递，如此进行，直到最终到达脑。在任何阶段阻断信号，后果都是灾难性的，比如在脊柱严重损伤的情况下，信号就被切断了，受到影响的肢体会因此失去所有感觉。

尽管这一电化学信号传递的机制很复杂，但基本化学原理却很简单。正如若要保持电池的电量，需要把不同的电极插入不同的隔槽中一样，细胞之所以带有电荷，也是因为细胞内外好几种电解质的浓度不同。在细胞外有更多的钠，在细胞内则有更多的钾（这就是为什么在我们的食谱中电解质平衡很重要的原因）。在机械感受器被激发时——假定是你的拇指触碰了键盘上的空格键——接触点附近的细胞膜上专门的通道就打开了，让钠进入细胞。钠的这一运动改变了电量，把更多的通道打开，形成钠的洪流。这就导致沿神经元扩散的去极化反应，仿佛是在大洋中扩散的一列波一样。

在一个神经元与邻接的另一个神经元相连接之处，钠的这一运动导致了另一种离子——钙的浓度迅速变化。钙浓度的突变是活动神经元释放神经递质所必需的。神经递质被下一个神经元接收，它与这个新神经元的接触又引发了活动电位在新细胞中的传递。不管是从感受器到脑的神经传递，还是从脑到肌肉的神经传递，其方式都可以用这种电活动的脉冲来说明。因为心脏功能就与这种电活动相关，所以医院的心电监护仪所描绘的正是这种电活动的情况——一个活动的高峰，紧接着一段恢复期，如此不断重复。感觉神经元向脑传递相同的活动脉冲，脉冲的频率则传达了感觉的强度。

不过，在生物学上，触碰和疼痛不是同一现象。疼痛并非简单地由触碰感受器增加信号释放而引起。我们皮肤的特点是有不同的感觉神经元，分别感受不同类型的触碰，而它同样还有独特的感觉神经元，供感受不同类型的疼痛之用。痛觉感受器需要在接受强刺激之后才能向脑发送活动电位。艾德维尔、泰诺和其他止痛药的止痛原理就在于，它们能专门减弱来自痛觉感受器的信号，但不会减弱来自机械感受器的信号。

所以人类的触觉实际上结合了躯体的两个相互独立的部分的活动——其一是感知压力的细胞，能把压力转换为电化学信号；其二是脑，处理这些电化学信号，将它们转换为不同类型的感觉，并引发躯体反应。那么植物的情况又如何呢？它们也有感受器吗？

捕蝇草

捕蝇草[4]（*Dionaea muscipula*）大概是用于说明植物能对触碰做出反应的最典型的例子了。它生长在南卡罗来纳州和北卡罗来纳州[5]的酸性沼泽中，那里的土壤缺乏氮和磷。为了在营养如此匮乏的环境中生存下来，捕蝇草演化出了令人惊异的本领：不仅可以通过光获得养分，还可以通过昆虫和其他小动物获得营养。捕蝇草可以像所有绿色植物那样进行光合作用，且能食肉，靠动物蛋白来补充营养。

捕蝇草的叶子是不会被认错的：叶子的末端是由中央的中脉连接的两个瓣片，这是叶子的主要部分；两个瓣片的边缘是睫毛状的长突起，像梳子的齿。这两个瓣片的一侧以枢轴相互连接，正常情况下张开成一角度，形成"V"字形结构。瓣片的内侧呈粉红色和紫红色，能分泌很多昆虫不可抗拒的蜜汁。当一只老实的苍蝇、一只好奇的甲虫，甚至一只闲逛的小蛙爬上叶片表面时，叶片的两瓣便以惊人的力量突然合拢，把毫无防备的猎物夹在其中，用它那监狱铁栏一般的相互咬合的"睫毛"阻断猎物的退路。捕蝇草叶片的闭合速度是惊人的，和我们对烦人的苍蝇的徒劳一拍不同，它可以在不到十分之一秒的时间合拢，然后分泌消化液，将可怜的猎物溶解吸收。

查尔斯·达尔文是最早发表针对捕蝇草和其他食肉植物的研究论文的科学家之一。捕蝇草令人惊异的特性让他把这种植物视为"世界上最神奇的植物之一"。达尔文对食肉植物的兴趣表明，纯朴的好奇心可以促使一位受过训练的科学家做出如此具有开创性的发现。他 1875 年的专著《食虫植物》是这么开头的："1860年夏天，在萨塞克斯[6]的荒野中，我发现圆叶茅膏菜（Drosera rotundifolia）的叶子竟然捕捉了这么大量的昆虫，这让我倍感惊讶。我听说过这种植物会捕捉昆虫，但再进一步的情况就一点也不知道了。"对这一现象懵然无知的达尔文，后来成为 19 世纪研究包括捕蝇草在内的食肉植物的一流专家，他的著作到今天还在被人征引。

现在我们知道，捕蝇草能够感觉到猎物，能够感知在捕虫器内爬行的生物的个头是否适合食用。在每个瓣片内侧的粉红色表面上，生有几根巨大的黑毛，这些毛是触发器，能触发捕虫器突然闭合。但是，只有一根毛被触碰还不足以使捕虫器闭合，必须有至少两根毛被触碰，时间间隔大约20秒才行。这保证了猎物具有理想的个头，不会在捕虫器闭合之后仍然能挣扎出去。触发毛是极为灵敏的，但也十分挑剔。达尔文在《食虫植物》一书中就写道：

从某个高度滴下的水珠或断续的细流落到毛上，并不会导致叶片闭合……毫无疑问，这种植物对极猛烈的降雨是无动于衷的……我很多次竭尽全力通过一根细而尖的管子向毛吹气，都没有任何效果。这种植物对待这样的吹气，就像对待一阵真正的狂风一样漠然。因此，我们发现毛具有一种特殊的敏感本性。

尽管达尔文极为详细地描述了引发捕虫器闭合的一连串事件，以及动物蛋白为捕蝇草提供的营养的优势，但他并没有发现捕蝇草能够区别雨滴和苍蝇的信号机制。达尔文相信叶子在从其瓣片上的猎物那里尝到肉味之后才闭合，于是他在叶子上试着放置了所有类型的蛋白质和其他物质。可惜这些实验都徒劳无功，无论放什么，他都不能触发捕虫器闭合。

获得关键性发现的是与达尔文同时代的约翰·伯顿－桑德逊，他的发现解释了捕虫器的触发机制。伯顿－桑德逊是伦敦大学的应用生理学教授，也是一位受过培训的医生。他的研究对象本来是在从蛙类到哺乳动物的一切动物体内发现的电脉冲，但和达尔文通信之后，捕蝇草却让他格外痴迷。伯顿－桑德逊小心地把一个电极放在捕蝇草叶子上，发现触碰两根毛可以产生一个动作电位，很像他在动物肌肉收缩时观察到的电位。他发现电流被激发后，要过几秒钟才能恢复到静息状态。他认识到当昆虫扫过捕虫器内侧的多根毛时，会诱发去极化反应，这个反应在两个瓣片上都可以检测到。

伯顿－桑德逊的这一发现——对两根毛的压力引发电信号，导致捕虫器闭合——是他职业生涯中最重要的发现之一，也是电活动调控植物发育的第一个实证。但当时他只能猜测电信号是捕虫器闭合的直接原因。一百多年后，美国亚拉巴马州奥克伍德大学的亚历山大·沃尔科夫及其同事证明，电刺激的确是捕虫器闭合的引发信号。他们对捕蝇草张开的瓣片施以一种电休克处理[7]，这样就可导致捕虫器在触发毛没有受到任何直接接触的情况下闭合。沃尔科夫的工作和其他实验室较早的研究还确认了一点：捕虫器能记住是否只有单独一根毛被触动，然后它要等到第二根毛被触动之后才闭合。这个最新研究成果发表之后，我们对捕蝇草记住已有几根毛被触动的机制才了解，这在第七章中将继续介绍。但在我们探讨植物如何记住东西之前，需要先花点时间了解一下电信号和叶运动之间的联系。

含羞草的电运动

伯顿－桑德逊观察到，在合拢的捕蝇草中检测到的电脉冲与神经活动或肌肉收缩活动中的电脉冲非常相似。他很清楚在没有神经的情况下也会有动作电位，但他还不清楚在没有肌肉的情况下植物运动的机制。就伯顿－桑德逊所知，捕蝇草并没有什么类似肌肉的靶器官在接收到动作电位之后能产生动作，诱发捕虫器闭合。

对含羞草（*Mimosa pudica*）的研究为理解叶运动现象提供了一个绝好的实验体系，获得的结论可以推广到其他植物身上。含羞草原产于中南美洲，因为它的叶子能动，令人着迷，所以作为一种园艺植物在全世界被广泛栽培。含羞草的叶子对触碰高度敏感，如果你从上往下碰到其中一枚，这枚叶子所有的小叶都会快速内折并下垂。几分钟之后小叶会重新张开，但只要你再碰一次，它们又迅速合拢了。含羞草拉丁学名中的 *pudica* 一词就和这种下垂运动有关，它在拉丁语里意为"害羞"。在很多地方，含羞草又名"敏感草"。含羞草非同寻常的行为在加勒比群岛被称作"假死"，希伯来语管它叫"别碰我草"，而孟加拉语管它叫"害羞的处女"。

在电生理学层面上，含羞草下垂和张开的特征性动作也和捕蝇草的闭合动作非常相似。来自印度加尔各答的著名物理学家、后来成为植物生理学家的贾加迪什·钱德拉·玻色注意到了这个现象。玻色曾在英国皇家学院戴维·法拉第研究实验室工作过。1901 年，他在给皇家学会做的一个讲座中说，触碰含羞草的叶子可以引发活动电位，活动电位沿着叶子辐射开来，导致小叶迅速闭合（不幸的是，伯顿－桑德逊严厉地批评了玻色的工作，而且建议《伦敦皇家学会会刊》拒掉他的含羞草论文。不过，自那时起很多实验室做的后续实验都证明玻色其实是对的）。

含羞草叶子中由一群细胞构成的、叫作叶枕的结构，是能使叶子运动起来的运动细胞。研究揭示，当电信号作用在叶枕上时，就会引发含羞草叶子的下垂运动。要了解叶枕如何能在没有肌肉的情况下使叶子运动，需要先了解一点植物细胞生物学的基础知识。植物细胞有两个主要部分。其一是原生质体，形似一个充水的气球——由一层薄膜包着液体内容物。原生质体的液体内容物含有几种显微组分，包括细胞核、线粒体、蛋白质和DNA[8]。植物细胞的独特之处在于原生质体外面还包围着另一部分，一种叫作细胞壁的盒状结构。尽管没有支撑性的骨架，细胞壁仍能给予植物足够的强度。比如说，在木材、棉花和坚果壳中，细胞壁又厚又坚韧，而在叶片和花瓣中细胞壁却又薄又柔软（事实上，我们在生活中不可避免地要依赖细胞壁，因为它们可用于制造纸、家具、衣物、绳索，甚至燃料）。

正常情况下，原生质体含有很多水分，对周围的细胞壁产生很强的压力，这使植物细胞紧实而硬挺，可以承受重量。但如果植物失水，细胞壁上就几乎没有压力了，植物就萎蔫下来。通过把水泵入、泵出细胞，植物可以控制作用在细胞壁上的压力大小。在含羞草的每一片小叶基部都能找到叶枕细胞，它们可以像微型的水泵一样使叶子运动。叶枕细胞充满水时，就让小叶张开；叶枕细胞失水时，压力骤降，叶子就折叠起来。

活动电位起作用的地方又在哪里呢？它是告诉细胞应该泵入水还是泵出水的关键信号。在正常条件下，含羞草的叶子张开时，叶枕细胞充满了钾离子。细胞内部相对高浓度的钾导致外面的水时刻打算进入细胞稀释它，这就让细胞壁承受了很大压力——于是叶子就硬挺起来。但电信号到达叶枕时，钾通道打开，随着钾离开细胞，水也离开了细胞，细胞就松垮下来了。一旦信号消失，叶枕细胞又重新把钾泵入细胞，由此引起水流入细胞，便使叶子又张开了。在人类神经通信中起关键作用的钙离子能够调控钾通道的开放，它对于植物的触碰反应来说也是不可或缺的，后文会介绍。

起负面作用的触碰

20 世纪 60 年代早期，弗兰克·萨利斯伯里研究的课题是诱发苍耳（*Xanthium strumarium*）开花的化学物质。苍耳是北美随处可见的杂草，其橄榄球状的刺果常常黏附在徒步者的衣服上，给人留下很糟糕的印象。为了知道这种植物如何生长，萨利斯伯里以及他在科罗拉多州立大学的技术员团队决定每日测量苍耳叶子长度的增加量，测量方法是到野外用尺子对叶子进行物理测量。令萨利斯伯里困惑的是，被测量的叶子总也长不到正常的长度。不仅如此，随着实验的继续，这些叶子最后还变黄死掉了。然而，同一植株上未被接触和测量的叶子却长得很好。就像萨利斯伯里说的："我们遇到了一个值得注意的现象：只要每天摸上几秒钟，你就能杀死苍耳的叶子！"

因为萨利斯伯里的兴趣在别处，直到十年之后，他的观察才得到了更广泛的理解。20 世纪 70 年代早期正在俄亥俄大学工作的植物生理学家马克·贾菲发现，在植物生理中，由触碰引发的生长迟滞是一个普遍现象。他用古希腊词根 *thigmo-*（接触）和 *morphogenesis*（形态建成）创造了 *thigmomorphogenesis*（接触形态建成）这个"笨拙"的术语，来描述机械刺激对植物生长的普遍效应。

　　显然，植物是暴露在多重触碰胁迫之下的，风、雨、雪都会触碰植物，动物也会定时地触碰很多植物。这样一想，发现植物会以阻滞生长的方式回应触碰，也就不那么令人惊讶了。植物能感觉到它生存在什么样的环境之中。在山脊生长的树木常常暴露于强风之中，它们适应这种环境胁迫的方法是限制枝条发育，把树干长得短而粗。与之相反，在遮风的山谷中生长的同一树种却长得又高又细，枝条繁密。作为对触碰的反应，这种迟滞生长具有演化适应性，增加了植物在多重环境扰动中存活下来的概率。实际上，从生态学观点来看，植物面对的很多选择，和我们在盖房子时面对的选择一模一样：地基要用什么类型的材料？房屋结构呢？如果你生活的地方风力不强，或是地震风险不大，那么你可以在房屋的外观上多用些材料；但如果你生活在一个风力很强或是地震风险很大的地方，那么你就要把材料用在建设坚实的地基和结构上了。

　　树木是如此，我们在第一章中提到过的类似芥菜的小植物拟南芥也是如此。在实验室中一天被触碰几次的拟南芥植株，会比不受干扰的植株长得更粗矮，开花更迟。只要每天抚摸它的叶子三次，就可以完全改变它的生理发育过程。虽然我们要用很多天才能见到整个生长上的变化，但事实上引发这些变化的细胞反应却相当快。莱斯大学的珍妮特·布拉姆和她的同事发现，只要触碰拟南芥的叶子，就能使其基因结构迅速发生变化。

布拉姆发现这一现象的机缘非常凑巧。她之前还是斯坦福大学的一位年轻研究人员时，对触碰给植物带来的效应并不感兴趣，感兴趣的是植物激素激活的遗传程序。在她设计的实验中，有一个部分是要阐明赤霉素这种激素对植物生理的效应。在这个实验中，她在拟南芥的叶子上喷洒赤霉素，然后检查什么基因被这种处理所激活。她发现刚做完喷洒处理，就有几个基因迅速被启动了。她假定这些基因是在对赤霉素做出反应。但是事实证明，不管喷洒什么物质——哪怕是水——之后，这些基因的活动性都增加了。

布拉姆没有气馁，决心继续实验，打算弄清楚为什么连水也能激活这些基因。这时她灵机突现，意识到所有处理的共同之处是喷洒溶液引起的物理感觉。布拉姆猜测她发现的基因其实是对叶片受到的物理刺激做出反应的基因。为了验证这一点，她重新开始实验，但不再给植物喷水了，只是触碰它们。正如她所想的，喷洒激素或水时被诱导的那些基因，在植物被触碰时同样被激活了。布拉姆明白她新发现的基因对触碰敏感，既然它们是由植物被触碰诱导的，她便将这些基因命名为"TCH基因"[9]。

要进一步了解这个发现的重要性，需要对基因工作的一般原理做些简介。构成拟南芥植株的每个细胞的细胞核中都有DNA，其上一共含有大约两万五千个基因。正常情况下，一个基因编码一种蛋白质。虽然每个细胞中的DNA是相同的，但不同的细胞却含有不同的蛋白质。比如叶细胞所含的蛋白质就不同于根细胞所含的蛋白质。叶细胞所含的蛋白质可吸收光，供光合作用，而根细胞所含的蛋白质可以帮助它从土壤中吸收矿物质。不同类型的细胞含有不同蛋白质的原因在于，每种类型的细胞中的活动基因不同——或者更准确地说，所转录的基因不同。有的基因在所有细胞中都会转录（比如那些用于构建膜系统的基因），但多数基因只在专门的某一小类细胞中转录。所以，虽然每个拟南芥细胞都有打开两万五千个基因的潜力，但在某一种类型的细胞中实际上只有几千个基因是活动的。使情况变得更复杂的是，许多基因还被外界环境所控制。有的基因只有在叶子看到蓝光之后才在叶子中转录，有的基因要在半夜转录，有的基因要在一段时间的炎热天气过后转录，有的基因要在植株遭受细菌侵害后转录，有的基因要在植株被触碰之后转录。

那么这些由触碰激活的基因呢？布拉姆鉴定的第一个 TCH 基因所编码的蛋白质与细胞中的钙信号转导有关。我们前面说过，钙是重要的盐离子之一，既能调控细胞电量，又能调控细胞之间的通信。在植物细胞中，钙有助于保持细胞的膨胀（就像含羞草的叶枕细胞一样），还是植物细胞壁的组成成分。钙对人类和其他动物在神经元之间传递电信号也是必需的，肌肉收缩也离不开钙。尽管我们还不知道钙调控众多现象的机制，但这实在是个热门研究领域。

科学家知道，在枝条被摇动或根碰到岩石这样的机械刺激之后，植物细胞中的钙离子浓度会在陡升之后降落。这种脉冲可以影响细胞膜上的电量，但它也能使钙离子作为"第二信使"——把信息从专门的受体传递到专门的输出端的中介分子——直接影响多种细胞活动。这种游离的可溶性钙本身引发反应的效力并不大，因为多数蛋白质无法与钙直接结合。因此，无论是植物还是动物体内的钙通常都要和少数钙结合蛋白联合在一起才能发挥作用。

在这些钙结合蛋白中，研究最多的是钙调蛋白（英文为 calmodulin，是"由钙调节的蛋白"calcium-modulated protein 这个词组的缩写）。钙调蛋白的分子相对较小，但它是一种非常重要的蛋白质。当它与钙绑定时，它就能与许多蛋白质相互作用，从而调节它们的活性。这些蛋白质在人体会参与诸如记忆、发炎、肌肉运动和神经生长之类的过程。我们回到植物这边。布拉姆的研究表明，第一个 TCH 基因是编码钙调蛋白的基因。换句话说，当你触碰一株植物时，不管它是拟南芥还是番木瓜，它做的第一件事是制造更多的钙调蛋白。植物制造更多钙调蛋白很可能是为了让这些蛋白质与在活动电位下释放的钙共同行使功能。

多亏布拉姆和其他科学家后续的工作，现在我们知道，超过 2% 的拟南芥基因（包括但不限于编码钙调蛋白和其他钙相关蛋白的基因）在拟南芥叶子被昆虫落脚、植株被动物扫过或枝条被风摇动之后得到激活。这些基因的数目大得出人意料，也说明当植物遭到机械刺激并设法存活时，它的反应是多么全面而又剧烈！

植物和人类的触觉

由于具有专门化的机械感受器，脑能把它发出的信号转化为具有情绪内涵的感觉，使我们产生各式各样复杂混合的生理感觉。这些机械感受器使我们能对大量的触觉刺激做出反应。一种叫梅克尔氏小盘的特殊机械感受器能承受作用于人体皮肤和肌肉之上的触碰和压力。我们嘴里的痛觉感受器能被辣椒含有的极辣化学物质——辣椒素激活。痛觉感受器还能发信号告诉我们阑尾正在发炎，需要做阑尾切除手术。痛觉感受器的存在，可以使我们撤离危险的境地，或是让我们知晓体内潜在的危险生理问题。

植物能感到触碰，但不会感到疼痛。它们也不会做出主动反应。我们对触碰和疼痛的感知是主观的，因人而异。轻轻地一触对一个人来说是令人愉悦的，但对另一个来说就可能是烦人的骚扰。这种主观性取决于很多因素，如导致打开离子通道所需的压力阈值不同的遗传差异，或是把触碰的感觉与恐惧、惊慌、悲伤等联系在一起的心理的差异，等等。后者可以加剧我们的生理反应。

植物不受这些主观因素的限制，因为它没有脑。但是植物能感受到机械刺激，可以通过独特的方式对不同类型的刺激做出反应。这些反应不是为了帮助植物避免疼痛，而是为了调节发育，以便适应周边环境。对此，利兹大学的黛安娜·鲍尔斯和她的研究团队发现了一个惊人的事例：弄伤番茄的单独一枚叶子可以引发同一植株上其他未受伤叶子的反应（这和第二章讲述的研究结果类似），反应之一就是一类叫作蛋白酶抑制因子的基因在未受伤叶子中的转录。

鲍尔斯对受伤叶子传给未受伤叶子的信号很好奇，想了解其本质。广为接受的说法是受伤叶分泌了一种化学信号，通过其叶脉传送到了植株的其他部位。但是鲍尔斯猜测这个信号是电信号。为了检验她的假说，她用烧热的钢块灼烧一片番茄叶，然后发现在同一植株上离受伤叶有一段距离的地方可以检测到电信号。即使在她用冰来冷却叶柄之后，植株仍然能察觉到这一信号。她发现冰镇叶柄可以阻止从叶到茎的化学物质流，却不能阻止电流。更何况，当她用冰冷却受伤叶的叶柄时，未被处理的叶仍然在转录蛋白酶抑制因子基因。叶子不会感到痛。番茄对炽热金属的反应不是逃离，而是提醒它其他的叶子：周围环境中存在潜在的危险。

鲍尔斯的研究发表于 1992 年，刊登在知名期刊《自然》上。不过，虽然她的结论——植物会使用长距离的电信号作为对受伤的反应——与动物的神经信号转导有类似之处，但是坦白地说，这个结论并没有被科学界普遍接受。这很像鲍德温当初识别出植物之间通信的挥发性化学物质之后，学界一开始也没有接受他的研究结果。

在鲍尔斯有关电信号的研究发表 20 年后，瑞士洛桑大学的教授特德·法默发表了一项研究，证明植物可运用"类似神经"的机制来感知昆虫。他团队中的年轻科学家表明，当害虫嚼食拟南芥的叶子时，或是人为伤害一片叶子时，在受伤叶子里面会产生电流，沿着叶向下扩散到达茎中，再进入邻近的叶子里。一旦电信号到达它的目的地——未受伤叶子——信号就得到解码，引发叶子制造作为防御性激素的茉莉酸（在第二章中已有介绍）。不过在我看来，这项研究最重要的地方在于，不仅是叶子与叶子之间的电信号，就连对这一信号的扩散起关键作用的蛋白质，都与人类神经元突触中的那些蛋白质高度相似。换句话说，叶子的受损会诱发一个电信号，其传播既依赖钙和钾之类的离子，又依赖与人类神经受体非常相似的蛋白质，而且植物知道如何把这种信号转化为行动——制造防御性激素。

作为固着、生根的生物，植株不能退缩或逃脱，但它们能够通过改变新陈代谢去适应各种各样的环境。尽管在生物体层次上，植物和动物对触碰和其他物理刺激的反应方式不同，但在细胞层次上，引发的信号却高度相似。植物细胞受到的机械刺激，正如神经细胞受到的机械刺激一样，能引发细胞内外离子条件的改变，从而引发电信号。这些信号可以在细胞间传递，并在包括钾和钙在内的离子通道、钙调蛋白及其他植物组分的协调活动中发挥作用，这也和动物极为相似。

　　在我们的耳朵中还能找到一种专门化的机械感受器。如果植物因为具备和我们皮肤中的感受器相似的感受器而能够感知触觉的话，它们是不是也能通过与我们耳朵中的机械感受器相似的感受器感知声音，产生听觉呢？

注释

[1] 埃德娜·圣文森特·米雷（Edna St.Vincent Millay，1892—1950），美国女诗人。——译者注

[2] 在英文中，feel 一词兼有触觉和内心感觉的含义。另外，英文的 feeling 和汉语的"触觉"都有广义和狭义之分。广义的触觉包括接触产生的感觉、压觉、痛觉和温觉，狭义的触觉仅指接触产生的感觉。——译者注

[3] 也叫刺果藤，原产于美洲，近年来入侵到中国沿海地区，可缠绕在树木和绿篱之上，造成被缠绕的植物枯死。——译者注

[4] 英文名译为"维纳斯的捕蝇陷阱"（Venus flytrap）。这个名字中的"维纳斯"一词和科学没什么关系，却是源于 19 世纪英国植物学家的猥琐想象。——作者注

[5] 北卡罗来纳州位于美国东海岸，纬度介于第一章提到的马里兰州和佛罗里达州之间。——译者注

[6] 萨塞克斯（Sussex）是英格兰东南部的一个郡，现已分为西萨塞克斯郡和东萨塞克斯郡。——译者注

[7] 电休克疗法本是用于治疗某些精神疾病的方法，即让一定量的电流通过病人头部，使病人产生暂时性休克，从而达到治疗目的。——译者注

[8] 作者这里的表述在科学上不够准确。细胞核和线粒体是细胞器（细胞中的亚显微结构），而蛋白质和 DNA 是比细胞器小得多的分子，前二者和后二者不属同一范畴，不宜相提并论。——译者注

[9] TCH 是英文 touch（触碰）的缩写。——译者注

第五章

植物能听到什么

What Can Plants Hear

寺钟已停撞，
但我仍然能听到，
声从花中来。

——松尾芭蕉[1]

　　森林里回荡着各种声音，鸟儿鸣啭，蛙儿歌唱，蟋蟀动股，叶子在风中沙沙作响。这交响乐中包含了预示危险的声音、与交配有关的声音、威胁性的声音、安抚性的声音。一只松鼠在枝条断折发出"咔嚓"声时跳到树上，一只鸟儿回答另一只的鸣叫。动物为了对声音做出反应而运动，而它们的运动又制造了新的声音，这些声音共同交织成一片循环往复的喧嚣。然而，即使森林在喊喳作响，植物却一直无动于衷，对周边的嘈杂毫无反应。是植物听不见森林的喧闹吗？还是说，其实是我们对它们的反应视而不见？

　　就我们前面已经讨论过的植物感觉而言，各种形式的严谨的科学研究清楚地揭示了它们存在的事实。然而，几乎没有什么可靠的、能够作为定论的研究确证植物能对声音产生反应。考虑到我们已经听说了大量有关音乐如何影响植物生长的逸闻趣事，这个事实不免令人意外。我们在听说植物有嗅觉时，还要仔细琢磨一下，但植物能够听到声音的念头却丝毫不会让我们惊讶。很多人都听说过植物会在播放古典音乐（尽管也有人声称只有流行音乐能让植物动起来）的房间里欣欣向荣。然而，通常来说，多数有关音乐和植物的研究，是由小学生和科学爱好者完成的，他们通常不会在实验中设置对照组，而设置对照组是以科学方法为基础的实验室中不可或缺的手段。而且，当新闻标题在暗示植物具有听力时（比如《纽约时报》的这个标题"研究发现吵闹的捕食者会让植物处于警备状态"），真正的研究实际上只不过是说植物能对昆虫的物理振动做出反应，而不是对声波做出反应。不过，也有少量研究报道认为我们很快就能听到大量有关植物听觉能力的消息。

在我们深入探究植物是不是真有听力之前，不妨先来更好地了解一下人类的听觉。"听觉"的一般定义是"由耳朵之类器官察觉振动、感知声音的能力"。声音是在空气、水以及门扇、地表等固体中扩散的连续压力波。通过击打物体（比如敲鼓）或制造一个重复振动（比如拨动琴弦）就可以导致空气有节奏地压缩，从而形成这样的压力波。我们的内耳中有对触碰敏感的毛细胞，可以产生一种独特的机械感受，由此我们就感知到了空气压力波。这些毛细胞是特化的机械感觉神经细胞，从胞体延伸出的毛状细丝，叫作静纤毛，在被空气压力波（声音）击中时会弯曲。

耳朵中的毛细胞可以传达两种类型的信息：响度和音调。响度（也就是声音的强度）是由抵达耳朵的波的高度——更常见的说法是振幅——所决定的。响亮的声音振幅大，柔和的声音振幅小。振幅越大，静纤毛弯曲得越厉害。至于音调，则是压力波的频率产生的效果。频率和振幅无关，是每秒钟察觉到的波动次数。波的频率越快，静纤毛来回弯曲的速度越快，音调就越高[2]。

毛细胞的静纤毛一边振动，一边引发动作电位（如同我们在前面各章中见到的其他类型的机械感受器所做的那样），传递给听神经，再从听神经传递到脑，脑再把这些信息转化成各种声音。所以人类的听觉是两个解剖学事件的结果：耳中的毛细胞接收声波；脑处理信息，使我们能对各种声音做出反应。那么，如果植物没有眼睛也能察觉光的话，它们没有耳朵是否能察觉到声音呢？

摇滚植物学

很多人都曾经在这样或那样的场合被植物能对音乐产生反应的说法深深吸引。就连查尔斯·达尔文（我们前面已经说过，他在一个多世纪之前就做了植物视觉和触觉领域的开创性研究）也研究过植物是否能觉察他为它们演奏的曲调。达尔文除从事生物学研究之外，还是一位狂热的大管爱好者。他做过的古怪实验之一——监测他亲自用大管演奏的音乐是否能对植物生长产生效应，具体方法是看大管奏出的音乐能否诱发含羞草的叶子合拢（实验结果是没有合拢，这使达尔文认为这一研究是"蠢人的实验"）。

自达尔文的尝试失败之后，植物的听觉能力这个研究领域就从未有过真正热门的时候。仅 2021 年一年发表的科学论文中，有关植物对光、气味和触碰的反应的文章就有数百篇之多，但是最近 25 年中发表的专门研究植物对声音的反应的论文却屈指可数，何况在这些论文中，大多数都不满足标准，不足以给出让我认为植物能"听"到声音的真实证据。

我以这些论文中的一篇（虽然是很荒谬的一篇）为例。这篇论文发表在《替代和补充医学杂志》上，其作者是加里·施瓦茨及他的同事凯瑟琳·克里斯。施瓦茨是心理学和医学教授，克里斯是光学教授；二人都在亚利桑那大学工作，施瓦茨在那儿发起了"VERITAS研究计划"。这个研究计划要"检验一个人在身体死后意识（或人格）仍然存在的假说"。显然，研究人死后的意识会带来很多实验困难，所以施瓦茨也研究"治疗性能量"的存在。因为参与研究的人能够被暗示的力量强烈影响，施瓦茨和克里斯改用植物进行实验，以揭示"音乐、噪音和治疗性能量的生物学效应"。当然，植物是不会被安慰剂效应影响的，到目前为止，也没听说植物会被音乐偏好所影响（尽管做实验和分析实验的研究人员会受到这些影响）。

他们假定，治疗性能量和"柔和"的音乐（由美洲原住民的笛子和自然界的声音组成，实验者自己偏好这种音乐）有益于种子萌发[3]。克里斯和施瓦茨认为他们的数据揭示，比起安静环境中的种子来，在柔和的音乐中萌发的西葫芦和秋葵种子数目略多一些。他们还提到种子的萌发率也因为克里斯用双手摸过种子，给予了它们治疗性能量而有所增长[4]。但是，这些结果从未被其他植物学实验室的后续研究所证实；相反，克里斯和施瓦茨引用的支持他们的实验结果的文献之一，是多罗西·雷塔拉克的《音乐之声和植物》。

多罗西·雷塔拉克自称是"医生的妻子，家庭主妇，十五个孩子的祖母"。1964年，在她最后一个孩子从大学毕业之后，她在现已注销的坦普尔·布尔学院注册为一名大学新生。雷塔拉克是一位专业的女中音，常常在犹太教堂、基督教堂和殡仪馆演出，她打算在坦普尔·布尔学院主修音乐。为了完成科学必修课，她选了一门"生物学概论"的课，在课上她的教师要她做一些实验——不管是什么实验，只要她感兴趣就行。于是，雷塔拉克将生物学必修课和她热爱的音乐结合在一起，就成就了一本被主流科学厌弃，却很快被大众文化热情接受的书。

雷塔拉克的《音乐之声和植物》，令我们对 20 世纪 60 年代的文化氛围有了一些了解，也清楚地展现了她自己的观点。雷塔拉克给人的印象是一位社会保守派和一位"新时代"[5] 宗教的唯灵论者的独特混合体。作为社会保守派，她相信吵闹的摇滚乐与大学生的反社会行为有关；作为唯灵论者，她在音乐、物理学和整个大自然之间看到了神圣的和谐。

雷塔拉克曾说过，她被 1959 年出版的一本叫《祈祷对植物产生的力量》的书激起了兴趣。这本书的作者声称受到祈祷的植物会茁壮生长，而遭到仇恨思想轰击的植物却会死去。雷塔拉克想知道类似的效应是否也能被积极或消极的音乐引发（当然，积极或消极的判断规则是由她自己的音乐品位说了算的）。她做的一切研究，都是为了解答这个根本问题。她希望通过监测不同流派的音乐对植物生长产生的效应，为她同时代的人提供证据，证明摇滚乐具有潜在危害性——不仅是对植物如此，对人也一样。

雷塔拉克把多种植物（包括喜林芋、玉米、天竺葵、堇菜等，每一次实验都用一种不同的植物）暴露在她从不同流派的音乐中挑选出来的唱片音乐声中——包括巴赫、勋伯格、吉米·亨德里克斯和齐柏林飞艇的音乐[6]——然后监测其生长。按她的报告，暴露在柔和的古典音乐中的植株生长繁茂（哪怕播放的是我们都熟悉且喜爱的高雅的升降电梯背景音乐），而暴露在《齐柏林飞艇 II》或亨德里克斯的《吉卜赛人乐队》专辑歌曲中的植株的生长却遭到了阻滞。为了证明对植物有害的其实是臭名昭著的约翰·波纳姆和米奇·米切尔之流的鼓手奏出的鼓点，雷塔拉克使用同样的专辑做了重复实验，但这一回她把里面的打击乐器剔除掉了。

正如她预测的，植物所受到的损伤不像它们被包括鼓声的完整版本的《全部的爱》和《机关枪》震撼时那么厉害了。这是否意味着植物对音乐的偏好和雷塔拉克自己的偏好相重合呢？我自己是在音响系统日复一日放出的齐柏林飞艇和亨德里克斯的轰鸣声中长大的，出于一种不安的情绪，当我第一次看到雷塔拉克那本书时，我怀疑自己是不是也可能被这些音乐伤害了，就像她把针对植物的实验结果类推到摇滚乐对年轻人的影响那样。

幸运的是，对我和其他离经叛道的齐柏林飞艇歌迷来说，雷塔拉克的研究充斥着科学上的错误。比如说，她的每次实验只用了很少数目的植株（不到 5 株）。在她的研究中实验的重复次数太少，不足以支持统计分析。实验的设计也很简陋，有的研究竟是在她朋友家里完成的。还有，像土壤湿度之类的参数，是通过手指触摸土壤确定的。虽然雷塔拉克在她的书中引证了很多专家的研究，但是其中几乎没有生物学家。他们是音乐、物理学和神学方面的专家。还有不少引证的出处没有任何科学信誉可言。然而，更重要的是，她的研究结果未能在任何一家可信任的实验室中得到重复。

伊安·鲍德温对植物通信和挥发性化学物质的开创性研究（已在第二章中介绍

过）一开始也被主流科学共同体拒绝接受，但后来在很多实验室中得到验证。与此相反，雷塔拉克的"爱乐植物"实验却被扔进了科学的垃圾桶。虽然她的发现被报纸文章所报道，她试图把她的研究投给一家声名远播的科学期刊，但失败了，她的书最终是作为"新时代"宗教文献出版的。当然，这并没有妨碍这本书成为那个时代的特色文化的一部分。

雷塔拉克的实验结果也与1965年发表的一项重要研究相互冲突。来自纽约植物园的科学家理查德·克莱因和帕米拉·埃德萨尔决定做几个实验，确定植物是否真的能受音乐影响。在此之前，印度有人做研究宣称音乐增加了好几种植物萌发的枝条的数量，其中一种植物是万寿菊（Tagetes erecta）。他们的实验就是对印度这项研究的回应。为了能够重复这些实验的结果，克莱因和埃德萨尔把万寿菊分别暴露在《格里高利圣咏》、莫扎特的《C大调第四十一交响曲》、戴夫·布鲁贝克的《三人一心》、戴维·罗斯管弦乐队的《脱衣舞者》及披头士的歌曲《我想牵你的手》和《我看到她站在那儿》之中[7]。

克莱因和埃德萨尔从他们的研究（采用了严格的科学对照法）中得出结论：音乐并不能影响万寿菊的生长。在报告中，他们幽默地表达了对这类研究的普遍愤慨："并没有任何叶片的脱落可归因于《脱衣舞者》的影响，我们也没有观察到植物的茎在披头士的音乐中做出任何转头运动[8]。"我们该怎么解释这些实验结果和雷塔拉克后来的研究之间的矛盾呢？要么克莱因和埃德萨尔的万寿菊和雷塔拉克的植物有不同的音乐口味，要么雷塔拉克的研究和主流科学界有重大的方法论和科学上的差异，导致了不可信赖的结果。后一种情况看来更可能。

虽然克莱因和埃德萨尔的研究发表在一本备受尊重的专业科学期刊上，却基本被一般公众无视，而雷塔拉克那样的研究在 20 世纪 70 年代却继续在大众媒体上占据优势地位。这种现象在另一本书那里也很明显。1973 年首次出版的、由彼得·汤普金斯和克里斯托弗·伯德合著的《植物的秘密生活》一书几乎成了经典。这本书在售卖时，宣传该书是"对植物与人类之间的肉体、情绪和灵魂关系的迷人论述"。在书中"植物的和谐生活"一章中，作者写道："植物不光会对巴赫或莫扎特做出正面反应，它们实际上对拉维·香卡 [9] 的印度西塔尔音乐有更显著的偏好。"可是，《植物的秘密生活》展示的多数科学研究依赖于研究者对很少量试验植物的主观印象 [10]。著名植物生理学家、教授、知名怀疑论者阿瑟·加尔斯顿在 1974 年就直截了当地写道："《植物的秘密生活》的问题在于，书中几乎都是没有足够支持证据就提出的古怪说法。"但是这同样不能阻止《植物的秘密生活》对现代文化产生重大影响。

如果对科学文献做一番仔细的检查，反倒能在报道其他发现的论文中找到穿插在其中的戳穿"植物能够听到声音"神话的实验结果。在珍妮特·布拉姆确定 TCH 基因（在触碰植物时被激活的基因）的最初的论文中，她曾提到她检验过这些基因在物理刺激之外是否还能被响亮的音乐（她播放的是传声头像 [11] 的音乐）诱导。可是，这些基因毫无动静。同样，研究者彼得·斯科特也曾做过一系列用来检验音乐——特别是莫扎特的《交响协奏曲》和密特·劳弗 [12] 的《地狱蝙蝠》——是否对玉米产生影响的实验（这类实验总能够向我们透露科学家自己的音乐品位，这挺令人惊奇）。他在《植物的生理和行为》上报告了这些实验的结果。在最开始的实验中，比起安静环境中的种子来，暴露在莫扎特或密特·劳弗的音乐中的种子萌发得更迅速。这对于那些声称音乐能影响植物的人来说是个好消息，可对于那些认为莫扎特音乐质量高于密特·劳弗音乐质量的人来说又是个坏消息。

但是，实验对照的重要性在这里就开始显示出来了。实验继续进行，但这一回斯科特用一把小扇子把来自扬声器的所有热空气都扇得离种子远远的。在这一组新实验中，安静环境中的种子和暴露在音乐中的种子的萌发率就没有区别了。科学家在第一组实验中发现，放出音乐声的扬声器明显会散发热量，这提高了种子的萌发速度，所以起决定性的因素是热量，而不是莫扎特或密特·劳弗的音乐。

让我们用怀疑者的观点，再回头看一下雷塔拉克认为摇滚乐强烈的鼓点对植物（还有人）有损害的结论。是不是能有一个替代性的、科学上合理的说法来解释响亮鼓声对植物的负面效应呢？事实上，正像我在前一章中强调的，珍妮特·布拉姆和弗兰克·萨利斯伯里都明确指出，只需触碰一棵植物很多次，就可以让它个头矮小、发育迟滞，甚至死亡。可以设想，如果用合适的扬声器把摇滚乐中那些强烈的打击乐器声响亮地播放出来，这些音乐就会激发强有力的声波，使植物发生振动，前后"摇滚"，仿佛置身风暴之中。在这样的情况下，我们可以预料暴露在齐柏林飞艇音乐中的植物会出现生长减退现象，就像雷塔拉克所报道的那样——也许植物并不是不喜欢摇滚乐，也许它们只是不喜欢被"摇滚"。

唉，除非用别的方法证明并非如此，否则所有的证据似乎都告诉我们植物实在是个"聋子"。如果你知道植物含有一些与已知能导致人类耳聋的基因相同的基因的话，这就更有意思了。

耳聋基因

2000 年是植物科学的一个标志性年份。就在这一年，科学家终于得到了拟南芥基因组的完整序列，他们一直在盼望这一结果。在各大学和生物科技公司工作的 300 多名研究者用了 4 年时间，确定了组成拟南芥 DNA 的大约 1.2 亿个核苷酸的顺序。这一工作花费了约 7000 万美元（在今天看来，这一工程的花费和耗用的整体人力多得简直难以想象，因为技术的进步已经使单独一个实验室在不到一周的时间内就能测定拟南芥基因组的全序列，花费还不到初次测序时的千分之一）。

早在 1990 年，拟南芥就被美国国家科学基金会选中，作为测定基因组全序列的第一种植物，这是因为拟南芥独特的演化特征使其 DNA 分子比其他植物要小。虽然拟南芥含有与大多数动植物数目相仿的基因（约 25 000 个），在其 DNA 分子中却几乎不含非编码 DNA，这让确定拟南芥的基因组序列相对容易一些。非编码 DNA 在基因组中到处都是，它可位于基因之间或染色体末端，甚至在一个基因内部也可找到。按比例来说，拟南芥的 1.2 亿个核苷酸含有大约 25 000 个基因，而小麦的 160 亿个核苷酸中也含有相同数目的基因（人类的 29 亿个核苷酸中含有大约 22 000 个基因，比拟南芥这种小植物略少）[13]。因为拟南芥的基因组小，植株个头小，繁殖一代的时间短，在过去的 20 世纪中，它在全世界得到了广泛研究，因而对拟南芥的研究在许多领域获得了重要的突破性成果。几乎全部 25 000 个拟南芥基因都能在那些有重要农业价值或经济价值的植物——比如马铃薯中找到。这意味着在拟南芥基因组中确定的任何基因（比如说一个能抵抗某种侵害植物的细菌的基因）都能用基因工程的方法转到作物中，以提高其产量。

拟南芥和人类基因组的测序工作使我们获得了许多惊人发现。与本章所讲的话题最为相关的是，人们发现拟南芥基因组含有好多与人类疾病和残疾相关的基因（人类基因组也含有一些和植物发育相关的基因，比如一组叫作 COP9 信号小体的基因介导植物对光的反应）。科学家一边破解拟南芥的 DNA 序列，一边就发现其基因组含有 BRCA 基因（与遗传病乳腺癌有关）、CFTR 基因（与囊肿性纤维化有关）[14]，以及很多与听力缺陷有关的基因。

这里需要澄清一点：尽管基因常常用和它们相关的疾病来命名，但并不是基因本身引发了这些疾病或机能缺陷。只有在突变导致基因不能正常发挥功能时，才产生这些疾病。所谓突变，是构成基因的核苷酸序列的改变，它可以破坏 DNA 编码。我们不妨再复习一下人类生理的基础知识：人体的 DNA 编码仅由四种不同的核苷酸组成，其缩写分别为 A、T、C 和 G。四种核苷酸的特定组合，为不同的蛋白质提供了编码。少数核苷酸的突变或删除可以导致编码发生灾难性的改变。BRCA 基因如果发生突变或其他破坏，可以引发乳腺癌，但在正常情况下，它们在决定细胞的分裂时间中起关键作用。如果 BRCA 基因不能正常工作，细胞就会分裂频繁，引发癌症。CFTR 基因在突变或遭到其他破坏之后，则可引发囊肿性纤维化，但在正常情况下却调控氯离子的跨细胞膜运输。如果由其编码的蛋白质不能正常工作，肺（及其他器官）中的氯离子运输会被阻断，引发浓稠黏液的积聚，临床上表现为一种呼吸系统疾病。

这些基因的名字和它们的生物学功能无关，只和临床表现有关。那么这些基因在绿色植物中又有何功能呢？拟南芥基因组之所以含有 BRCA 基因、CFTR 基因和几百个其他与人类疾病或机能缺陷有关的基因，是因为它们是基本的细胞生理所必需的。早在 15 亿年前，在作为植物和动物的共同演化祖先的单细胞生物身上，这些基因就已经演化出来了。当然，拟南芥所含有的这些人类"疾病基因"的对应基因如果发生突变，也会破坏相关的植物生理功能。比如说，拟南芥乳腺癌基因一旦突变，就会引发拟南芥植株的干细胞（没错，拟南芥也有干细胞）比正常干细胞分裂更多次，于是整株植物会对辐射高度敏感，这也是人类癌症的标志特征。

什么是耳聋基因——在突变之后可以引发人类耳聋的基因。全世界的很多实验室已经确定了 50 多个人类耳聋基因，其中至少有 10 个在拟南芥基因组中也存在。正如 BRCA 基因存在于拟南芥中并不意味着植株有乳房一样，在拟南芥中发现耳聋基因也不意味着植物有听觉。人类耳聋基因有一种细胞学功能——可以让耳朵正常发挥作用，一旦这些基因发生突变，就会造成听力丧失。

在和听力缺陷相关的拟南芥基因中，有 4 个编码非常相似的蛋白质，叫作肌球蛋白。已知肌球蛋白是运动蛋白，它们仿佛是"纳米发动机"，能驱动各种蛋白质和细胞器绕着细胞中心运动 。有一种肌球蛋白与听力有关，它有助于内耳毛细胞的形成。如果这种肌球蛋白发生突变，内耳毛细胞的形态就不正常，也因此不会对声波做出反应。对植物而言，我们可以在其根上找到毛状的附属物，这些被称作"根毛"的结构可以帮助根从土壤中吸取水分和矿物质。拟南芥的 4 个耳聋肌球蛋白基因中的某一个发生突变，会导致根毛不能正常伸长，植株从土壤中吸收水分的效率也就大大降低。

在植物和人类中都存在的肌球蛋白基因和其他基因在细胞层次上具有相似的功能。但如果把所有细胞装配在一起，对某一特定的生物体来说，功能就不同了。我们需要肌球蛋白帮助内耳毛细胞发挥正常功能，最终使我们具备听力；植物却需要肌球蛋白保证根毛发挥正常功能，使它们能从土壤中饮水并找到养分。

植物是"聋子"？

卓越的演化生物学家西奥多修斯·多布赞斯基写道："若无演化之光，生物学的一切都无意义。"严肃的、可重复的科学研究已经得出结论，音乐的声响与植物没有关系。但从演化的角度来看，研究音乐的声响与植物的关系是有意义的。在植物的演化史长河中，只有 200 年历史的古典音乐和只有 50 年历史的摇滚乐不过是一点小浪花。

人类和其他动物的听觉带来的演化优势在于，听觉是我们的身体提醒我们注意潜在危险状况的一种方式。早期的人类祖先能听到危险的捕食者穿过森林追猎他们的声音。在深夜灯光昏暗的街上，我们会注意到尾随我们的什么人的微弱脚步声。我们还能听到向我们驶来的汽车的发动机声。通过口中发出的次声波，大象可以隔着遥远的距离找到同类，因为次声波可以绕过障碍物，行进很长距离。一群海豚可以通过它们悲伤的尖锐叫声在大海里找到失散的幼崽，而帝企鹅则可以通过独特的呼唤声寻找交配对象。所有这些行为的共同之处在于，通过声音，人类或动物可以快速交换信息并做出反应。这些反应通常是身体的运动——比如逃离火海、逃脱攻击，或者找寻家人。

正如我们看到的，植物是固着的生物，它们的根固定在地面上。虽然植物能够向着太阳生长，向着重力弯曲，它们却无法逃跑，无从躲避。植物也不能随季节迁徙。它们始终被绑定在不断变化的环境面前。植物使用的时间尺度和动物也不一样。除了含羞草和捕蝇草这些明显的例外，植物的运动相当缓慢，难以被人类肉眼觉察。

不过，是否在理论上存在什么有利的声音值得植物去回应呢？特拉维夫大学的理论生物学家莉拉赫·哈达尼教授用数学模型研究演化。她认为植物的确能对声音产生反应，但我们必须设计正确的实验来检测这一行为。实际上，科学研究中的一个普遍现象，就是缺乏实验证据并不等同于得出否定结论。按她的设想，我们应该设计一种研究，用已知自然界存在的声音去影响一个特定的植物生理过程。如果科学家想要研究植物对声波的反应，那么他们需要考虑能够让植物听到并产生演化优势的那些与生理相关的声音究竟是什么。这样的声音要么能提供有关水分之类资源所在位置的线索，要么能提醒植物即将发生的有益或有害的生物相互作用——比如与传粉者或食草动物之间的相互作用。

直到最近几年，才有人尝试去识别这样的反应。莫尼卡·加利亚诺是西澳大利亚大学的一位研究副教授，斯泰法诺·曼库索教授则是佛罗伦萨大学植物神经生物学国际实验室主任。她们与其同事一起尝试为"植物生物声学"（她们自己起的名）的研究领域建立理论和实践基础。在 2012 年发表的一项研究中，她们报道，如果声波的波长类似于水传播的振动波长，则根尖会明显向声源弯曲。这似乎暗示，根可以通过聆听水流声来搜寻新的水源！事实上，加利亚诺的团队后来又表明，豌豆的根可以朝向水流方向生长。

这些研究结果有助于解释城市工程师几十年前就知道的现象：树木的根常会包围地下的供水管和污水管，甚至侵入其中，导致大量设备损坏和财产损失。尽管工程师和科学家大都假定是这些管道先出现渗水，然后把树根吸引过去，但加利亚诺的研究结果却提供了另一种可能性——树根可以被管道中流水的声音吸引！

另一种与植物生理相关的声音可能是蜂类的嗡嗡声。在一种叫作蜂鸣传粉的过程中，熊蜂只需要迅速地振动翅膀肌肉，而不是拍动翅膀本身，就可以产生一个高频振动，刺激一朵花释放花粉。尽管这种振动可以被听到（它就是我们在熊蜂飞过时听到的嗡嗡声），但花粉的释放需要振翅的熊蜂和花直接接触。所以就像耳聋的人也能感觉到音乐的振动并做出反应一样，花朵不需要听到熊蜂的振动声也能感到这种振动并做出反应。但是，也可以想象振动的声音可能会以其他尚未查明的方式影响花朵。

哈达尼及其同事打算检验这种可能性。我们知道，大部分有花植物的有性生殖依赖于动物传粉者。植物利用颜色、气味和形状信号吸引传粉者，又为传粉者提供花蜜和花粉作为回报。那么，是不是像更高品质的酒更吸引人一样，能提供更高品质花蜜的花朵也对传粉者更有吸引力？另外，制造高品质产品的代价不菲，如果附近没有传粉者（或葡萄酒爱好者），那它不过是废物。毕竟，如果周边没有人要喝的话，谁会想要酿造一款好酒呢？如果植物可以把分泌高品质花蜜的时间调整到附近有传粉者的时候，这就会对它有利。所以，可能传粉者在飞行中振翅的声音可以作为一种信号，诱导花朵制造高品质的花蜜。

我很荣幸有机会参与哈达尼的一项跨学科研究。她把很多研究力量结合起来，其中包括世界上首屈一指的蝙蝠生物学家约西·约维尔教授，以及植物生态学家尤瓦尔·萨皮尔博士，就是为了看看植物是否能对前来访花和传粉的昆虫发出的声音做出反应。我们在研究中使用的植物是宿根月见草。这种植物原产于美国加利福尼亚州和俄勒冈州的海滨地区，现在在以色列的地中海沿岸也有分布。正如"宿根月见草"这个名字所示，它的花在傍晚开放，此时天蛾和蜂类会来访花，饮用花中非常香甜的花蜜，在这个过程中就会把花粉从一朵花带到另一朵花。

约维尔是受过训练的物理学家，他在蝙蝠回声定位研究中展现了娴熟的录音和回放技艺，这回他又把这种高超的技艺用于记录天蛾和蜂类的振翅声。我们把这些声音回放给宿根月见草，检查它们的花蜜。令人高兴的是，暴露在传粉者声音之下的植株分泌的花蜜果然比那些始终处在安静环境中的植株分泌的花蜜含有更多糖分。

尽管这些结果表明宿根月见草能够对某种有生态意义的声音做出迅速反应，但它也带来了这样的问题：具体是植株的哪个部位感觉到了声波呢？用拟人的话来说，植物的耳朵在哪里？我们对这个问题的答案还一无所知，也不清楚植物如何把声音信号转化到细胞之中，从而影响花蜜的品质。韩国岭南大学的裴汉洪教授及其团队发现，声波可以在拟南芥植株中诱导基因表达发生变化。然而，要探明声音信号影响植物生理的方式，我们还有很长的路要走。很遗憾，我们还需要更多的研究，才能准确回答这些问题。

这项研究让我们更为确定，植物很可能会对多种多样的声音做出不同反应，只是我们的研究一直没搞对方向罢了。

如果考虑到植物还能制造声响，事情就开始变得非常奇怪了。瑞士伯尔尼大学的罗曼·茨维福尔和法比安·佐伊金就曾报道，气候干旱时，松树和栎树会发出超声振动。这些振动是木质部维管所含的水分发生改变的结果。加利亚诺和曼库索也记录到了玉米幼苗的根发出的"嘀嗒"声。尽管这些声音是物理力产生的被动结果（就像一块从山崖上碎落的岩石也会弄出声响），但它说不定还真有演化适应意义。别的树木会把这种超声振动当成一种信号，借此为渡过干旱做好准备吗？玉米根部的"嘀嗒"声是否又含有什么信息？

如果真是这样，那么这就说明植物不仅可能对听觉信号做出反应，本身还可能制造这些信号！换句话说，植物说不定也能发声。

显然，这里所说的东西已经超出了人们原先的想象。在本书第一版中，我还写道："即使听不到任何声音，植物也已经在地球上繁荣了几亿年了，将近 40 万种的植物已经征服了地球上的每一种生境。"但是现在我需要改变态度——植物可能真的能对声音信号做出反应。

这就是科学方法的力量，正是它把科学与伪科学区分开来。伪科学追求证实，而科学追求证伪。作为一名科学家，我清楚地意识到我的假说和结论也只是一种推测，随时等待着未来的研究把它击破。与此不同，伪科学家坚信他的结论已经得到确证。伪科学家不会允许矛盾的结果妨碍他的观点。尽管这世上有很多我们还不理解的现象，但这并不意味着我们就不能通过恰当的实验把它背后的科学解释揭示出来。然而，我在本章中重点介绍的研究暗示我们已经处在一类新知识的边缘，今后我们认识植物对声波的反应，一定会更为深刻。

到这里，我们已经见识了植物的五种基本感觉。接下来让我们探索植物的第六感——它让植物能敏锐地意识到自己身处何处，向着哪个方向生长，以及如何运动。

注释

[1] 松尾芭蕉（1644—1694），日本江户时代著名诗人，擅长俳句。这里引用的俳句系根据英译文翻译，如从原文翻译应是"繁樱如云翳／忽闻远寺钟声渺／上野或浅草"。——译者注

[2] 声音的频率以赫兹（Hz）来衡量，1赫兹等于每秒有1个波动周期。我们能听到的声波范围，在音调最低的20 Hz和音调最高的20 000Hz之间。举例来说，低音提琴上最低的音调（低音E）以41.2 Hz的频率振动，而小提琴上最高的音调（高音E）以2637 Hz的频率振动。钢琴上最高的C音的频率是4186 Hz，比它高两个八度的C音的频率则大约是16 000 Hz。狗的耳朵能对20 000 Hz以上的声波做出回应（所以我们听不见狗哨的声音）；蝙蝠甚至可以发出和察觉频率高达100 000 Hz的声音，它们体内的声呐借此可以描绘出前方的场景。在这一频谱的另一端，是大象能听到和发出的低于20Hz的声音，人类同样察觉不到。——译者注

[3] 有趣的是，他们选择的是"柔和"的声音，但是他们引用了渥太华大学的珀尔·维恩伯格在20世纪六七十年代所做的研究结果。在那些研究中，维恩伯格使用的却是超声波（显然一点都不柔和）。——作者注

[4] 克里斯接受过"旋涡治疗"（Vortex Healing）的训练。"旋涡治疗"据说是一种神启的治疗艺术和觉醒途径，用于转变情绪意识的根基，治愈外在的躯体，唤醒人心中的自由。它是来自摩尔林（Merlin）的秘传。（译按：摩尔林是传说中的公元六世纪的不列颠魔法师和先知，亚瑟王的谋士。）——作者注

[5] "新时代"是20世纪中叶西方兴起的宗教运动，倡导东西方文化中的泛灵论传统，追求个人心理的灵性体验。——译者注

[6] 巴赫（J.S.Bach,1685—1750），德国音乐家，西方古典主义音乐的代表人物；勋伯格（A.Schoenberg,1894—1951），美籍奥地利裔音乐家，西方现代主义音乐的代表人物；吉米·亨德里克斯（Jimi Hendrix, 1942–1970），美国黑人流行音乐家，擅长电吉他演奏；齐柏林飞艇（Led Zeppelin）是20世纪60年代末和70年代在西方风靡一时的英国摇滚乐队。下文提到的米奇·米切尔（Mitch Mitchell）和约翰·波纳姆（John Bonham）分别是在亨德

里克斯和齐柏林飞艇的演奏中担任鼓手的乐手;《机关枪》(*Machine Gun*)和《全部的爱》(*Whole Lotta Love*)则分别是亨德里克斯和齐柏林飞艇的歌曲名。——译者注

[7]《格里高利圣咏》(*Gregorian chant*)是起源于6世纪末的天主教宗教歌曲;莫扎特(W. A. Mozart, 1756—1791)是奥地利音乐家, 西方古典主义音乐的代表人物;戴维·布鲁贝克(Dave Brubeck, 1920—2012)是美国爵士乐钢琴演奏家;戴维·罗斯(David Rose, 1910—1990)是美国现代作曲家, 曾为很多电视剧作曲;披头士(Beatles)是英国著名摇滚乐队。——译者注

[8]转头运动是植物的各个部位显示出的周期性摇摆或弯曲的运动。——作者注

[9]拉维·香卡(Ravi Shankar, 1920—2012), 印度音乐家, 擅长演奏印度的民族拨弦乐器西塔尔(sitar)。——译者注

[10]《植物的秘密生活》一书也指出了雷塔拉克研究中的一些缺点。——作者注

[11]传声头像(Talking Heads)是20世纪七八十年代风靡一时的英国摇滚乐队。——译者注

[12]密特·劳弗(Meat Loaf), 或意译为"肉块", 本名迈克尔·李·阿代(Michael Lee Aday), 为美国摇滚乐手。——译者注

[13]这些数字并不完全可靠, 因为"基因"的精确定义一直在演变, 其数目也就随之而变。但就大体的趋势和数量级来说还是正确的。——作者注

[14]BRCA是英文breast cancer(乳腺癌)的缩写;CFTR的前两个字母是英文cystic fibrosis(囊肿性纤维化)的缩写。——译者注

第六章

植物如何知道身在何处
How Do Plants Know Where They Are

我从未见过一棵心怀不满的树。
它们紧握大地，仿佛深恋着大地；
虽然根扎得很紧，却行进得和我们一样迅速。
它们随着所有的风儿向着所有方向信步，
像我们一样有去有来，
每天和我们一起绕着太阳行进两百万英里[1]，
上天知道这空间中的穿梭是何等快速而遥远！

——约翰·缪尔[2]

　　苗向上伸，根向下扎。这看起来很简单，但植物怎么知道哪儿是上呢？你或许会想这是因为日光的缘故，可是如果光是植物分辨上下的主要信号，它在夜晚又如何知道哪儿是上呢？同样，当植物还只是在土壤里面萌发的种子时，又如何知道哪儿是上呢？或许你又会想，向下生长和接触阴暗潮湿的土壤有关。但是榕树和红树的气生根也始终向下生长，可这些根却是从空中几米高的地方长出来的。

　　科学家已经记载，当把一株植株头朝下脚朝上放置时，它会用慢动作重新调整自己的方向，就像猫在下落时能够在着地前调整自己一样。这样，它的根还是向下扎，苗还是向上伸。植物不光知道何时被倒置，实验还证明，它们一直能知道自己的枝条在什么地方；它们知道自己是向地面垂直生长，还是以一个角度偏向一侧生长，而植物的卷须总是非常清楚离它最近的可供抓握的支撑物在哪里。你不妨想一下菟丝子在搜寻适合寄生的植物时在空中划的圆圈。可是，植物怎样知道它在空间中位于何处？我们又是怎么知道我们的空间位置的？

我们之所以知道我们的空间位置，是因为我们有第六感。不过，和流行观念不同，第六感不是什么超感官知觉，而是本体觉。本体觉使我们不用看也能知道身体不同部位彼此间的相对位置。我们其他的感觉都是对外的，接收外来的光、气味和声音等信号，但本体觉却为我们提供完全来自躯体内部状态的信息。它使你能够以协调的方式移动腿，从而能行走；能够挥动胳膊接住棒球；能够在后脖颈儿上挠痒。如果没有本体觉，我们连刷牙这样的简单任务都无法完成。

本体觉属于非失去不能留意的感觉。如果你曾经喝醉过，哪怕只是微醺，也能体会到本体觉受到了损伤。难怪警察会对疑似醉酒的驾驶员当场进行清醒测验。这种测验要求驾驶员完成简单的"手眼协调"体能任务，很容易揭露谁的本体觉受损，谁的本体觉完好。在清醒的时候，闭上眼睛触摸自己的鼻子是很简单的事。但对醉酒的人，这么简单的任务也会变得困难。

比起其他感觉来，我们不太容易理解本体觉，因为本体觉缺乏明确的核心器官。视觉是眼睛产生的，嗅觉是鼻子产生的，听觉是耳朵产生的。就算是通过皮肤里的神经感知的触觉，我们也觉得易于领会。可是，和这些感觉不同，本体觉却牵涉内耳信号和全身某些特殊神经的信号的协调输入——其中，内耳传递平衡感，那些特殊神经则传递位置信息。

在听觉所需的内耳结构附近有一个复杂的系统，由微小的腔室构成，这就是半规管和前庭，它们共同工作，感知你的头部位置。3个半规管彼此互相垂直，形成了类似回转仪的结构。管中充满液体，当我们的头改变位置时，液体就会流动。每个半规管基部的感觉神经会对液体的波动做出反应，又因为半规管分别位于3个不同的平面上，这样它们就能传递任何方向的运动信息。前庭也充满液体，既包含感觉毛，又包含耳石——这是一些小的结晶石粒，耳石会因为重力的作用而向下沉落，在前庭的感觉毛上施加额外的压力（由此形成刺激）。这样，我们就得以知道自己的身体是竖直、水平还是头朝地脚朝天。耳石对前庭不同区域的神经施加的压力可以帮助我们分辨上下。但是，坐在游乐场的一些乘骑设备之上，我们的耳石因过于剧烈地摇晃，功能会完全陷于紊乱，这时我们就无法弄清自己身处何处了。

在内耳让我们保持平衡的时候，我们全身的本体觉神经让我们身体的各个部位协调运动，本体觉感受器则向脑报告肢体的位置。这些神经和感知压力或疼痛的触觉神经不同，它们位于躯体深处的肌肉、韧带和肌腱中。比如膝部的前交叉韧带就包含能够传递至小腿的本体觉的神经。几年前，我在和儿子比赛滑雪时不慎撕裂了前交叉韧带。这场事故发生之后，我意外发现自己走路变得不利索了——我总是踩在自己的脚上。这是因为我脚部的本体觉定位信号传递功能丧失了，直到我的脑开始整合来自小腿其他神经的信息之后，这一功能才恢复。

有两种主要的、相互关联的身体过程依赖于本体觉——其一是在静止时意识到身体各部位之间的相对位置（静止意识）；其二是在运动时意识到身体各部位之间的相对位置（运动意识）。本体觉不仅可以让我们感知平衡，也让我们能够协调地运动；无论是手的简单一挥，还是在街上行走时所需的运动和平衡的复杂整合，还是奥运会体操运动员在平衡木上完成空翻这样复杂的运动，都是受本体觉支配的。这两种身体过程——身体位置的静止意识和运动意识——在植物中也同样相互关联，而且是许多植物学家多年来的关注焦点。

植物也能分辨上下

1758 年，一位叫昂利－路易·迪阿梅尔·迪蒙梭的法国海军督察员——同时也是一位兴趣浓厚的植物学家——发现，如果他把一株幼苗上下倒置，它的根会重新定向而向下生长，而它的茎会弯曲，向着上方的天空生长。这个简单的观察表明，根的生长仿佛是受到了重力向下拉（正向地性），而茎的生长仿佛是向着对抗这一拉力的相反方向（负向地性）。这个发现引发了一连串的问题和假说，此后一直持续影响着全世界很多生物实验室所做的研究工作。许多科学家在看到迪阿梅尔的报道之后，都认为根重新定向的方式一定和重力有关。但是英国皇家学会会员托马斯·安德鲁·奈特在大约 50 年之后指出，"（重力影响植物生长的）假说似乎并没有得到任何事实的支持"。虽然很多科学家把迪阿梅尔的观察看作重力影响植物生长方式的证据，却没有人做过严格的科学实验检测这个说法，而这正是奈特准备要做的事。

奈特是一位拥有土地的英国乡绅，住在英格兰西米德兰兹郡的一座城堡里，城堡周围环绕着花园、果园和温室。他并未接受过科学研究训练，但就像 19 世纪的贵族们的普遍情况那样，他把闲暇的时间用于探求科学知识，很快就在园艺学方面有了精深造诣。事实上，他是那个时代最拔尖的植物生理学家之一。为了研究植物如何知道上和下，奈特发明了一种复杂精巧的实验设备，通过提供一个能够影响根生长的离心力，抵消地球重力对植物生长产生的效应。他建造了一辆水轮车，用流经他的庄园的一条小溪驱动，又把一块木板安置在水轮车上，使木板可以随水轮车一同转动。他把几株蚕豆幼苗沿不同方向紧紧绑定在木板之上，使它们的根尖朝向任何方向——有的向着转动中心，有的背着转动中心，有的成一角度，等等。

他让水轮车以每分钟 150 转这样令人眩晕的速度旋转，如此一连数天。幼苗便随着木板的每次转动而不断地翻筋斗。实验结束时，奈特看到所有幼苗的根都背着水轮车的中心向外生长，而所有幼苗的茎都向着中心生长。

通过这种替代性的离心力，奈特对幼苗施加了一种类似重力的力，展现了如下事实：根总是向着离心力的方向生长，而茎总是向着相反的方向生长。奈特的工作为迪阿梅尔的观察提供了第一个实验支持。他的实验表明根和茎不只是会对天然重力做出反应，还能对水轮车提供的人造重力（离心力）做出反应。然而，这还是没能解释植物如何感知到重力。

在 19 世纪末，科学家对植物如何感知重力重新燃起兴趣。就像植物科学中的很多研究课题一样，这次又是达尔文和他的儿子弗朗西斯对"植物如何感知重力"做了权威性实验。这一回，达尔文父子用极为详细而又面面俱到的典型达尔文式研究风格，精准地确定了植物感知重力的部分。他们最开始的猜测是"重力感受器"（这个词是模仿光感受器一词造出来的）位于根尖。为了检验这个假说，他们把蚕豆、豌豆和黄瓜的根尖切掉不同长度的小段，然后把根侧着放在潮湿的土壤上。当根继续伸长时，不再具备重新定向和向土壤中弯下去的能力。即使只切掉长仅 0.5 毫米的根尖，都足以消除植物对重力的敏感性！达尔文父子还注意到，如果根尖在切掉之后数日内重新生长出来，根就能再次获得对重力做出反应的能力，其行为会回到以前的老路上——向土壤中弯下去。

这个结果和达尔文在研究向光性时所获得的发现类似。在向光性实验中，他展示了茎尖能看到光，把信息传给其中段，令中段向着光弯曲。在这个实验中，达尔文父子展示，根尖能感到重力，尽管弯曲是发生在根尖以上很远的地方。达尔文由此进一步推测，根尖一定以某种方式传递了信号，向上到达根的其他部位，告诉它沿着重力矢量的方向向下弯曲。

为了检验这一假说，达尔文把一株蚕豆幼苗侧着放置，用一枚大头针把它固定在一些土壤的顶部，但这一回，在切除根尖之前，他先等待了90分钟（对正常的被放倒的植株来说，需要几个小时才能看到根发生明显的重定向）。他发现这一回根虽然也没有尖了，但仍然能重新定向。达尔文假定，在他截去根尖之前的90分钟里，蚕豆植株沿根向上传达了一些指示，告诉植株弯曲。达尔文父子用6种不同的植物进行类似的实验，都得到了同样的结果。如果不再切除根尖，而是改用硝酸银来灼伤根尖，结果也都一样。他们得出结论：根尖感知到重力，一定即刻向上传递了信息，告诉植株哪个方向最适合其生长。

在18世纪和19世纪，我们对植物如何分辨上下的了解有了显著进步。首先是迪阿梅尔揭示幼苗会重新确定生长方向，以使根向下长，茎向上长；然后奈特指出重力是这种"上下生长"的原因；继而达尔文又发现根尖具有感知重力的机制。之后又过了一个多世纪，现代分子遗传学研究才确认了达尔文的实验结果，表明根最末端的细胞（位于叫作根冠的区域中）能感知重力，让植物知道哪儿是下。

植物要有完好无损的根尖才能向着地下生长，也许你会设想茎尖也是植物向上朝天生长时所必需的（达尔文就是这么想的）。毕竟，达尔文用实验显示，切除植株的顶端部分可以让植株失去看见光和向着侧面光弯曲的能力。但是出人意料，事实证明切掉了茎尖的植物仍然能向上生长，它仍然保持了负向地性生长的能力。这是否意味着根和茎感知重力的方式不一样？

近来我们很多对植物感知重力方式的了解，都是来自对科学家最喜欢的实验植物——拟南芥的研究。正如马尔滕·科尔恩内夫及其同事分离出因各种光受体的缺陷而"失明"的植物一样（第一章对此已有介绍），许多科学家也分离出不能分辨上下的拟南芥突变体。这个过程实际上相当简单：科学家把成千株拟南芥突变幼苗种了一个星期，然后把它们所在的容器翻转 90 度。几乎所有的幼苗都重新定向，以让茎向上长，根向下长。唯独极少数不能感知重力的突变体丝毫没有改变其继续生长的方向 [3]。

这些突变体里面有很多个体的根和茎都有缺陷，它们完全失去了分辨上下的能力。但是其他拟南芥突变体则只有根或茎受到影响，这说明根和茎用不同的方式察觉重力。比如说，一个叫"稻草人"[4] 的基因发生突变的拟南芥个体的茎不知道它什么时候已经被横倒放置，所以会一直保持水平状态（它的茎具有负向地性缺陷）。但令人意外的是，这一突变体的根却知道如何向下生长（根仍保持了正向地性）。日本一种叫"枝垂朝颜"[5]（顾名思义，其枝条下垂）的牵牛花品种也有不能分辨上下的茎；自然，这使它成为一种迷人的观赏垂枝植物，但它也为科学家提供了一种用来研究向地性的良好突变体。是什么原因造成这种植物的茎和叶向各个方向都能生长呢？最近的遗传学研究显示，"枝垂朝颜"牵牛花实际上也是"稻草人"基因的突变体。这就引出一个问题：这些突变体能否证明植物地上和地下部分感知重力的机制的确不同？

实际上，这样的突变体并未告诉我们根和茎感知重力的机制不同，只是表明感知重力的具体位置不同（达尔文的实验已经告诉我们这一点了）。纽约大学菲尔·本菲实验室的科学家试图使用"稻草人"突变体来确定茎感知重力的部位。在20世纪与21世纪之交的时候，他们发现"稻草人"是内皮层的形成所必需的基因。内皮层是植物体内包围维管组织的一群细胞。在根中，内皮层是一道选择性屏障，可以有效地调控进入木质部维管和运送到植物绿色部分的物质（如水、矿物质和离子等）的数量和种类。"稻草人"基因发生突变的植株完全没有内皮层。虽然这导致它们的根又短又弱小，但它们的根还是知道如何向下生长。这是因为根尖中的重力感受器并不含有内皮层细胞。"稻草人"突变体仍然有正常的根尖，所以它仍知道哪儿是下。

可是，如果茎没有内皮层，就无法知道哪儿是上，这一缺陷就像切除根尖一样损害了植物的方向感。换句话说，植物的地下部分和地上部分是用不同的组织察觉重力。在根中察觉重力的是根尖，在茎中则是内皮层。所以，虽然人类的"重力感受器"只存在于内耳中，植物的重力感受器却分布在根尖和茎的很多部位。

　　根尖和内皮层中这些特殊的植物细胞团是如何感知重力的呢？第一批答案来自对根冠的研究，研究者用显微镜看到了其惊人的细胞内结构。根冠中央区域的细胞内含有一个叫平衡石[6]（英文为 statolith，由古希腊语"固定不动之石"一词派生而来）的致密球状结构。就像人类耳朵中的耳石，平衡石比细胞的其他成分要重，因此落在根冠细胞的底部。当根被侧着放置时，平衡石又落到细胞的新底部，正如一粒玻璃弹子会在放倒的坛子里滚动到最低处一样。毫无意外的是，植物地上部分中唯一含有平衡石的组织就是内皮层。就像根冠的情况一样，当植株被放倒时，内皮层里的平衡石就落到原本是细胞侧面的位置，这个地方就成为植物的新底部。平衡石对重力做出反应的方式，使科学家猜测它们是真正的重力感受器。

　　如果平衡石是植物重力感受器，那么只要简单地改变平衡石的位置，就应该足以让植物改变生长方向，好像受到了重力影响一样。只有在分子遗传学问世，以及人类能够进行太空飞行之后（这是件很有趣的事情，我会稍后再详细讲述），科学家才终于进行解决这个问题的实验。

　　最近 20 年中，俄亥俄州迈阿密大学的约翰·基斯及其同事一直在用科学领域中一些最厉害的工具确定平衡石是否真的就是植物感知重力的结构。通过类似重力的高梯度磁场，基斯诱使平衡石侧向移动，好像是把植物横着放倒一样。这个现象发生后，根就开始向平衡石移动的同一方向弯曲——如果平衡石向右移动，根就向右弯曲；如果平衡石向左移动，根就向左弯曲。这个研究实实在在地支持了植物通过平衡石的位置知道哪儿是下的观点。基斯也因此预测，在无重力的情况下，平衡石不会落到细胞底部，因此植物将无法知道哪儿是下。当然，要检验这个假说，基斯需要一个无重力环境。

在航天飞机上，植物明显不再受到重力，平衡石也不会下落，它们随机地分布在细胞中各处。在外层空间中这种无重力条件下，基斯在植物身上检测不到任何向地性弯曲。这些研究为植物分辨上下的原因揭示了一条引人入胜的线索：植物需要平衡石来感知重力，正如我们需要耳朵中的耳石来刺激我们的平衡感受器一样。

运动激素

倒置的蚕豆根对重力做出反应的方式，窗台花箱里的郁金香向太阳运动的方式，以及菟丝子悄悄溜近邻近的番茄的方式都是相似的：植物感到了环境中的某种变化（重力、光或气味），因回应刺激而弯曲。刺激是多样的，反应却是相似的——向一个特定的方向生长。就植物如何感知重力（以及光和气味）而言，我们已经说得很多了，但我们还没有探究这种感觉信息是如何让植物生长和弯曲的。我们重新看一下第一章提到的达尔文做的向光性实验。实验表明加那利䕬草幼苗的茎尖"看到"了光，把这一信息传递给茎中段，以便让茎中段向光弯曲。类似地，根冠也"感到"了重力，然后把信息沿根向上传递，诱导植物根向下生长；而菟丝子也是嗅到了番茄的气味，然后才向着番茄生长。

20世纪初，丹麦植物生理学家彼得·博伊森－延森扩展了达尔文的向光性实验。和达尔文一样，他切掉了燕麦幼苗的茎尖，但在把茎尖放回到植株的残桩上之前，他做了件不同寻常，却又极为睿智的事情。他在残桩和茎尖之间放置了一片薄薄的明胶或一小片玻璃。当他用侧面光照射这些植株时，放了明胶薄片的植株向光弯曲，而放了玻璃片的植株则笔直生长。博伊森－延森意识到来自植株茎尖的弯曲信号一定可溶于水，因为它能够穿过明胶，却不能穿过玻璃。然而，博伊森－延森并不知道是什么化学物质从茎尖向下传递到茎中段，并让它弯曲。

20 世纪 30 年代早期，科学家终于确认了这种从茎尖出发穿过明胶向下到达茎中段的促进生长的化学物质，并把它叫作生长素（英文 auxin，由古希腊语"增加"一词派生而来）。虽然植物有多种多样的激素，但没有哪一种像生长素一样在如此众多的生理过程和活动中广泛发挥作用。生长素的功能之一是让细胞增加长度。光引发生长素积聚在阴暗的一侧，导致茎只有暗侧伸长，于是茎就向光弯曲。重力使生长素出现在根的"上侧"和茎的"下侧"，这分别导致根的向下生长和茎的向上生长。虽然不同的刺激会激活不同的植物感觉，但是植物的很多感觉系统最终都会归结到生长素这种运动激素上面来。

跳舞的植物

本章前面已经提到，本体觉不仅能让你分辨上下，还能让你在运动时知道身体各部位的位置。当米哈伊尔·巴雷什尼科夫 [7] 跳过舞台，落在图案精美的地毯上时，他不只是完美地控制了平衡，也对身体各个部位的位置有敏锐的意识。他知道腿应该在身后伸多远，手应该在肩上举多高，他还知道躯干精确的倾斜度。当然，我们自然而然把植物看成是静止的生命；它们是固着的生物，永远扎根地下，不能移动。但是如果我们耐心地花一段时间来观察它们，这种静止的形象就让位于一场精巧设计的舞蹈动作盛宴，很像是在芭蕾舞剧第一幕中突然活跃起来的巴雷什尼科夫。看，叶子卷曲又舒展，花朵开放又闭合，茎盘旋又弯曲。

这些运动在延时摄影中看得最真切。事实上，观察这些运动正是延时摄影技术最早的用途之一。威尔海姆·普菲佛教授——他和达尔文的朋友尤利乌斯·冯·萨克斯有来往——拍摄了包括郁金香、含羞草和蚕豆在内的很多植物的运动。他早期的电影虽然颗粒感太强而显得粗糙，但观看起来却非常吸引人。然而，早在延时摄影还没有得到应用的时候，顽强不息的达尔文已经通过一种非常耗时且没什么技术含量的方法研究过植物的运动了。他把一块玻璃板挂在植物上面，连着几天每隔几分钟就在玻璃上标记出植株茎尖的位置。把所有的点连起来，他就绘出了实验对象的精确运动（达尔文患有失眠症，他以这种方式报告了300多种不同的植物——包括在下一页上展示的野甘蓝的运动，这无疑是他花了很多个晚上小心翼翼地监测这些植物之后才取得的成果）。

达尔文发现，所有植物都在做重复性的螺旋状摇摆运动，他将这一运动命名为"回旋转头运动"（英文 circumnutation，是拉丁语"转圈"或"摇摆"的意思）。螺旋的形态因物种而异，从重复的圆圈，到椭圆形，到颇似呼吸记录仪所绘图像的来回交叉的轨迹，不一而足。有些植物呈现出意想不到的大幅运动，比如蚕豆苗，它画的圆圈半径可达10厘米。其他植物的运动幅度则只能以毫米计，比如草莓的枝条。速度是另一个变量，郁金香以一个相对固定的速度回旋转头（转一圈大约 4 小时），但其他植物的运动速度变化很大——拟南芥的茎转一圈的时间在 15 分钟到 24 小时之间，而小麦通常每两个小时完成一次旋转。我们不知道这种运动的个性有何根源，但我们已经知道环境和内部因素都能影响运动速度。就像波兰科学家玛丽亚·斯托拉尔兹所发现的，如果她用一个小火焰去灼烧向日葵的叶子，仅仅灼烧 3 秒钟，就可以让向日葵植株绕一圈的时间几乎加倍。之后，向日葵又会恢复它的初始速率。

　　达尔文被这些运动迷住了，他得出结论：回旋转头运动不仅是所有植物行为中的固有成分，实际上，这些螺旋状的摇摆舞蹈还是所有植物运动的驱动力。在他看来，向光性和向地性只是瞄准某一特殊方向的修饰过的回旋转头运动。大约 80 年之后，这一假说才受到挑战。隆德技术研究所的多纳尔德·伊斯雷尔森和安德尔斯·约翰森提出了一个替代的假说，认为植物的摇摆运动不过是向地性的结果（而不是原因）。他们认为，在植物生长时，茎的位置发生一点轻微的变化（不管是由风、光还是物理障碍引发的）都将导致平衡石的位移，哪怕外界因素只是让它的位置改变了一点，都会引发茎的弯曲。

　　可是，这种弯曲常常做得过了火。就像那种老式的小丑波佐拳击袋[8] 在被击打后会向你反弹过去一样，茎在重新竖直回来的时候，会越过笔直的上下线，多少又弯向相反的另一侧。既然这时茎不是直立状态，而是朝向了另一个方向，平衡石就会第二次重新分布，引发朝着相反方向的向地性反应。可是，这次的新生长还是会矫枉过正，于是这个过程就循环往复，所以出现了达尔文从甘蓝和三叶草那里记录的摇摆运动和我们在郁金香和黄瓜那里看到的典型的摇摆运动。正如小丑波佐拳击袋来回转圈是在竭力寻找它的中心一样，植物的茎在追求平衡时，便在空中转起圈来了。

所以现在我们有了两个对立的假说：达尔文猜测这些舞蹈是所有植物的内秉行为，但伊斯雷尔森和约翰森却相信是重力驱动了植物的圆圈舞。在人类能够进行太空飞行的 20 世纪末，这两种相互冲突的理论终于得到了检验。如果达尔文的理论是正确的，那么即使没有重力，回旋转头运动也会不受阻碍地继续进行；如果伊斯雷尔森和约翰森以平衡石为中心的模型是正确的，那么植物的回旋转头运动在太空中将不复存在。

在 20 世纪 60 年代太空计划的起步期，一位叫阿兰·H. 布朗的著名而备受尊敬的植物生理学家构思了最早的太空拟南芥实验之一，该实验被列为"生物卫星 3 号"计划的一部分。布朗想检验植物运动在无重力条件下是否还能继续进行[9]。可是，这个计划因为预算的缩减而被取消了，布朗不得不等到 1983 年才在航天飞机上进行了他的植物实验，但这仍然是最早的太空植物实验之一。"哥伦比亚号"飞船上的宇航员在他们在轨飞行的时候监测了向日葵幼苗的运动，并把数据传回给地球上的科学家。向日葵幼苗在地球上能展现出十分有力的运动，所以是适合飞船搭载以观察其太空行为的理想植物。在地球遥远上空的"哥伦比亚号"飞船上，几乎百分之百的幼苗都展现出旋转生长的运动形态；即使在无重力的条件下，向日葵幼苗仍然像它们在地球上那样继续进行螺旋运动。这有力地支持了达尔文的理论。

但是我们再看第二个假说：螺旋运动和重力密切相关。几年前，日本航天局的高桥忠幸及其同事曾经监测过茎中缺乏感知重力的内皮层的牵牛花突变体的回旋转头运动。不能对重力做出反应的牵牛花突变体同样不能像正常的牵牛花那样进行螺旋运动。而且，平衡石较小或有缺陷的拟南芥突变体也不能做螺旋运动。这些结果看起来不会让达尔文高兴——它们强烈支持了回旋转头运动和向地性紧密相关的观点（当然，达尔文可能会欣赏这里的科学方法，修改他自己的假说，并设计新的实验来检验这些假说）。

高桥对他的实验结果和"哥伦比亚号"飞船上获得的那些结果的矛盾做了如下推断：既然飞船上的实验是用在地球上已经萌发的种子做的，也许这已经足以使回旋转头运动在太空中坚持不息。在地球上形成的种子很可能和太空中形成的种子有不同性状，这一点的确是有必要考虑的。如果是这样，在"哥伦比亚号"飞船上进行的实验就可能因为时间受限（大约 10 天）而影响了实验结果。

从 2000 年开始运行的国际空间站终于为有关重力对植物的影响的长时间实验提供了便利。2007 年，安德尔斯·约翰森和他的挪威同事在空间站上进行了一项为期数月的实验，这回他终于可以把提出了近 40 年的假说付诸检验了。他们的实验材料是在空间站上萌发的拟南芥植株，它们被种在一个为了能在太空中应用而专门设计的密闭容器中。为了监视这些植株的精确位置，监测它们的任何运动，每几分钟就会给它们自动照一次相。在空间站近乎失重的条件下，拟南芥植株仍然展现出了螺旋运动，只是幅度很小而已，这正是达尔文预测的运动，而布朗自己的观察也由此得到确证。但是这个圆周运动的半径和运动速度都要比地球上的小,说明重力是增强这种内秉运动的必要条件。

这些失重的植物又被放在一台旋转的巨大离心机里,其作用非常像很多年前奈特的水轮车,是为了模拟重力环境。当植株在旋转时,有一台摄像机持续地监测它们。在感受到重力之后没有多久,植物就开始做更夸张的圆周运动。这些植株无论是旋转幅度还是速度都和在地球上生长的拟南芥植株上监测到的情况相似。这表明重力不是运动的必要条件,而是修饰和放大植物这种内秉运动的必要条件。达尔文是对的——就目前所知,回旋转头运动的确是植物的内秉运动,只是这种运动需要在重力条件下才能得到最充分的表现 [10] 。

有平衡感的植物

植株会同时被几个方向的作用力拉扯。以一个角度斜照在植物身上的阳光让它向着光线弯曲,植物弯曲的枝条中下沉的平衡石又要它笔直生长。这些相互冲突的信号使植物能够把自身定位到环境最佳的位置。一棵藤蔓的卷须在搜索可供抓握的支撑物时,会被附近的篱笆阴影吸引过去,重力又让藤蔓能迅速地缠绕其上。窗台上的植物会被光线牵拉,向着窗台被阳光照亮的一侧生长,与此同时,重力又让它向上生长。番茄的气味把菟丝子拉向一侧,而向地性也会拉它,让它朝上长去。就像牛顿物理学一样,植株任何部位的位置都可以描述为作用在植株之上的几个力的

矢量和 [11]，同时告诉了植物它在何处，以及要向何处生长。

　　人类和植物以相似的方式对重力做出反应，都依赖感受器提供的信息知道位置，保持平衡。但是当我们运动时，我们不仅知道身体各部位彼此之间的相对位置，还能记住这一运动，这使我们可以一次又一次地重复这种运动。植物也能记住它刚做过的运动吗？

注释

[1] 1 英里 ≈ 1.609 千米。

[2] 约翰·缪尔（John Muir，1836—1914），美籍苏格兰裔博物学家、作家，荒野保护运动最早的倡导人之一。——译者注

[3] 在这类实验中，种子常常要先用导致 DNA 突变的化学药剂处理一下。化学药剂对向地性所需的专门基因发生作用的概率非常小，所以实验者不得不检验数千株幼苗。好在拟南芥幼苗非常微小，所以才可能通过大量的种植把突变体筛选出来。——作者注

[4] 第一个从拟南芥——其实对其他生物体也是如此——中分离出新突变体的科学家，享有给突变体命名的特权。突变体的名字以排成斜体的小写字母表示，并与突变基因的名字相对应。有些科学家较为保守，用突变体的明显特征为之命名［比如拟南芥的"短根"（shortroot）突变体——毫无疑问，它具有较短的根］。有些科学家则比较有想象力，他们命名的拟南芥突变体的例子有"稻草人"（scarecrow）、"太多的嘴"（toomanymouths）及"狼人"（werewolf）。——作者注

[5] 原文为 Shidare-asagao，这是日文"枝垂れ朝颜"的罗马字拼法。"朝颜"即牵牛花的日语名字。——译者注

[6] 高等植物（有花植物）中的平衡石又叫作淀粉体，是含有淀粉，但不含有叶绿素的形态特化的叶绿体。——作者注

[7] 米哈伊尔·巴雷什尼科夫（Mikhail Baryshnikov），美籍俄裔著名舞蹈家。——译者注

[8] 小丑波佐（Bozo the Clown）是美国著名的小丑形象，麦当劳快餐店的"麦当劳叔叔"形象就是由此衍生而来的。小丑波佐拳击袋是一种类似不倒翁的拳击袋，上面画有小丑波佐的形象。——译者注

［9］实际上，我们说环地轨道飞行是"微重力"环境而不是"无重力"环境，因为仍然还有很小的引力拉力存在，大约是地面重力的 0.001%。——作者注

［10］感知重力的整个机制并不只是平衡石在细胞中下落，而是更为复杂的机制。——作者注

［11］更准确的说法是：植株任何部位的位置都是由其受力情况决定的，而这种受力情况可以描述为作用在植株之上的几个力的矢量和。——译者注

第七章

植物能记住什么
What Can Plants Remember

栎树和松树，以及它们在林中的兄弟，
已经看过了如此多的日出日落，
如此多的寒来暑往，如此多代人归于静寂。
我们不禁想知道，如果它们有语言，
或者我们的耳朵灵敏到足够理解的话，
它们为我们讲述的"树木的故事"会是什么样子。

——毛德·凡布伦《供特殊情景之用的引言》

在普通人日常的心理体验中，记忆常常占据了相当一部分。我们会记得一顿极为美味的宴席，在孩童时代玩过的游戏，或是前天办公室里令人忍俊不禁的一幕。我们会回想曾经在海滩上见到的壮丽日落，还会记得那些刻骨铭心的心理创伤和恐怖经历。我们的记忆依赖感觉输入：一股熟悉的气味或一首最爱的歌都能触发一场详细回忆，把我们带回某个特殊的时间和地点。

正如我们已经看到的，植物也能从丰富多样的感觉输入中获益。但是植物显然并不具备我们那样的记忆。它们不会一想到干旱就畏惧，也不会梦想着夏日的阳光。它们不会想念还被包在种荚里的日子，也不会为过早释放花粉感到焦虑。与迪士尼的动画片《风中奇缘》[1]中的柳树婆婆不同，老树绝不会记得曾经在它的树荫下睡过觉的人的生平经历。但是就像我们在前几章中看到的，植物显然具有一种能力，能记住过去的事件，并在一段时间之后回忆起这些信息，把它们整合进自己的发育计划中。烟草知道它们看到的最后一道光的颜色，柳树知道邻居是否已经受到了天幕毛虫的攻击。这些例子以及其他更多的例子都展示了植物对先前事件的延迟反应，而这正是记忆的关键组成要素。

马克·贾菲，就是那位创造了术语"接触形态建成"的科学家，在1977年发表了有关植物记忆的第一批报告——虽然他没有用"植物记忆"这个说法（他在报告中谈论的是对吸收的感觉信息1~2小时的保持）。贾菲想知道，在豌豆的卷须触碰到适合缠绕其上的物体时，是什么力量让它们卷曲起来。豌豆卷须是类似茎的结构，一开始笔直生长，但在碰到可供攀缘的篱笆或竿子之后，就会迅速绕着它们卷曲起来，把它们牢牢攥住。

贾菲发现，如果把豌豆的卷须切下来放置在有良好光照的潮湿环境中，只要用手指摩擦它的底部，仍然可以让它旋卷。但如果在黑暗中做这个实验，再怎么触碰切下来的卷须它也不旋卷，这说明卷须需要光来辅助它表演那神奇的旋卷运动。但真正有意思的地方在于，如果在黑暗中触碰卷须，并在一到两个小时后把它放置在光下，那么不用贾菲再摩擦它，它就会自发地旋卷起来。他认识到在黑暗中被触碰过的卷须以某种方式储存了这个信息，一旦把它置于光下，这个信息就被记起来。这种信息储存和后来的提取过程是否应该被视为"记忆"呢？

事实上，由著名心理学家恩德尔·托尔文进行的有关人类记忆的研究早已为我们探索植物及其独特的"回忆"过程奠定了基础。托尔文提出人类记忆包含三个层次：第一个层次是程序记忆，是对如何做出身体动作的非言语性记忆，它依赖于感知外部刺激的能力（比如你跳进池子之后就想起来如何游泳）；第二个层次是语义记忆，是对概念的记忆（比如我们学习的大多数课程）；第三个层次则是情景记忆，这是对过去所经历事件的记忆，比如童年在万圣节舞会上看到的滑稽服装，或是亲爱的宠物去世时我们感受到的失落。情景记忆依赖于个体的"自我意识"。植物很明显并不具备语义记忆和情景记忆——这些人类有别于其他生物的记忆。但是植物能够感知和回应外部刺激，所以按托尔文的定义，植物应该具有程序记忆能力。实际上，贾菲的豌豆实验表明了这一点。这些豌豆感知到贾菲的触碰，记住了这一触碰，然后旋卷起来，作为对此的反应。

神经生物学家对记忆的生理原理颇有了解，他们能够精准地确定负责各种类型记忆的专门脑区（不过这些脑区之间仍然是相互交联的）。科学家知道神经元之间的电信号传递是记忆形成和储存所必需的。但是我们对神经的分子和细胞基础知之甚少。令人振奋的是，最新的研究向我们暗示，虽然记忆是无限的，但是在维持记忆活动中发挥作用的蛋白质，却可能只有相当少的数量。

当然，我们要知道，我们所说的人类"记忆"实际上包含了记忆的很多不同形式，比托尔文描述的那些还多。我们具有感官记忆，（在一瞬间）从感觉那里接受并迅速地过滤输入；我们具有短时记忆，能够在意识中把大约7个记忆对象保持几秒钟；我们还具有长时记忆，即能把记忆储存长达一辈子。我们有肌肉运动记忆，这是一种程序记忆，是学习运用手指系鞋带之类运动时的无意识过程；我们还有免疫记忆——我们的免疫系统可以记住过去的感染，从而能避免新感染发生。除了最后的免疫记忆，前面这些记忆都依赖于脑的机能。免疫记忆则依赖于白细胞和抗体的工作方式。

所有形式记忆的共同之处在于它们都包括形成记忆（编码信息）、保持记忆（储存信息）和提取记忆（重新获得信息）的过程。就连电脑的记忆也完全遵循这 3 个过程。如果我们打算寻找植物记忆存在的证据，哪怕是最简单的记忆，也要看这 3 个过程是否发生。

捕蝇草的短时记忆

前面第四章已经讲过，捕蝇草需要知道理想的一餐什么时候正爬过它的叶子，合拢它的捕虫器需要耗费大量能量，而重新开启捕虫器需要好几个小时，所以捕蝇草必须确认在它叶子表面晃悠的昆虫个头大到值得花费时间来对付，然后才会猛然闭合。叶子瓣片上的黑毛使捕蝇草能感觉到猎物，在合适的猎物爬过捕虫器时，这些毛作为触发机关，能引发捕虫器的突然闭合。如果昆虫只碰到了一根毛，捕虫器并不会闭合；但一只足够大的虫子很可能在大约 20 秒的时间里碰到两根毛，这就给捕蝇草发出信号，让它行动起来。

我们可以把这一系统看成短时记忆的类似物。首先，捕蝇草对某些物体（它还不知道是什么）已经碰到了一根毛的信息做了编码（形成记忆）。然后，它把这一信息储存了若干秒钟（保持记忆），而一旦第二根毛被触动，这一信息最终又被重新获得（提取记忆）。如果一只小蚂蚁花了很长一段时间从一根毛爬到另一根毛，捕虫器会在它扫过第二根毛的时候忘掉第一次触碰。换句话说，它失去了所储存的信息，不会闭合，让蚂蚁高高兴兴地在上面溜达。那么，捕蝇草是如何在虫子与第一根毛的不期而遇中编码并储存信息的呢？它是如何记住第一次的亲密接触，以便在发生第二次接触时做出反应的呢？

　　自从约翰·伯顿－桑德逊在 1882 年发表了有关捕蝇草生理的报告之后，科学家一直被这些问题所困扰。一个世纪之后，德国波恩大学的狄特·霍狄克和安德烈·西佛斯才提出，捕蝇草是用叶片的电量来储存与已被触碰的毛的数目相关的信息的。他们的模型极其简洁而且相当优美。通过研究，他们发现触碰捕蝇草的一根触发毛会引发一个动作电位，它可诱导捕虫器上的钙离子通道开启（这种动作电位引发和钙通道开启同时发生的现象和人类神经元的通信过程类似），由此导致钙离子浓度迅速上升。

　　他们推测捕虫器的闭合需要相对高的钙浓度，但只有一根触发毛被触碰引起的动作电位还不足以使钙浓度达到这个水平。因此，需要第二根毛受到刺激，才能把钙离子浓度提高到阈值之上，从而捕虫器闭合。钙离子浓度最初的上升，就是信息的编码过程。而信息的保持需要维持足够高的钙浓度，这样它第二次升高（由触碰第二根毛诱发）就可以把总钙离子浓度提高到阈值之上。又因为钙离子浓度会随时间流逝而下降，如果第二次的触碰和电位没有很快发生和出现，即使再有第二次触发，最终的钙离子浓度也仍然没有高到让捕虫器闭合的程度，这样记忆就丢失了。

　　后续的研究支持了这个模型。亚拉巴马州奥克伍德大学的亚历山大·沃尔科夫及其同事首次展示，的确是电引发了捕蝇草闭合。为了检验这个模型，他们在捕虫器开放的瓣片上布置了非常小的电极，让一股电流流过瓣片。这导致了捕虫器在其触发毛未遭到任何直接触碰的情况下闭合（虽然他们没有测量钙的离子浓度，但电流很可能导致钙离子浓度升高了）。他们又修改实验，改变电流强度，这使沃尔科夫能够确定捕虫器闭合所需的精确电量。只要14微库仑的电量——这只比摩擦两个气球产生的静电略多一点——在两个电极间流动，捕虫器就能闭合。这些电量可以来自一阵较大的电流，或是由20秒内一系列较小的电量组成。如果积累这些电量的时间超过了20秒，捕虫器就仍然保持开放状态。

于是，这里就显现出了前面所说的捕蝇草的短时记忆机制。对触发毛的第一次接触激活了一个电位，并在细胞间扩散。这些电荷以离子浓度升高的方式储存了短暂的一段时间，直到大约20秒之后散失。但是，如果在这段时间内有第二个动作电位抵达捕虫器的中脉，积累的电量和钙离子浓度就越过了阈值，于是捕虫器闭合。如果两个动作电位之间过去的时间太长，那么捕蝇草就会忘记第一个电位，于是捕虫器仍然保持开放。

捕蝇草的电信号（别的植物的电信号也一样）与所有动物的神经元电信号很相似。在神经元和捕蝇草叶细胞的细胞膜上都有离子通道，在电信号通过细胞时，它们保持开放状态。所以神经元和捕蝇草叶子中的信号都可以被阻断离子通道的药物抑制。比如说，当沃尔科夫用一种能抑制人类神经元钾离子通道的化学药剂对捕蝇草进行预处理后，不管再怎么触碰，或者施加电荷，捕虫器都不再闭合了。

对创伤的长时记忆

20 世纪中叶，捷克植物学家鲁道夫·多斯塔尔做了一些被埋没许久的工作。他把自己的研究内容叫作植物的"形态建成记忆"。形态建成记忆是一种在后来能够影响植物的形态的记忆。换句话说，植物会在某一时刻感受到一个刺激，比如叶子被撕裂或是枝条被折断，但植物一开始并没有受到影响，而当环境条件改变时，植物才会记起过去的经历，并通过改变生长来对此做出反应。

多斯塔尔用亚麻幼苗做的实验展示了他所谓的形态建成记忆是什么样的现象。要完全理解多斯塔尔的这一实验，需要先了解一点植物解剖学知识。亚麻幼苗初露地面时，具有两片叫作子叶的大叶子 [2]。在这两片子叶之间的是顶芽，它在植株中心的茎顶端生长。顶芽生长的时候，在它下面两侧的位置上会出现两个侧芽，每个侧芽面向一片子叶。正常条件下，侧芽是休眠芽，不会生长。但是如果顶芽受到损伤或被摘除，侧芽就开始生长、延伸，每个侧芽各形成一根新的枝条。在这根枝条上，原先的侧芽就成为顶芽。侧芽遭到顶芽压制的这一现象叫作顶端优势，修剪植物的目的就是为了消除这种压制。当你看到一位园丁在修剪房前的绿篱时，如果他的修剪方式正确，那么他实际上是从每个枝条上除掉了顶芽，以促进更多的侧芽和新枝条生长。

在正常条件下，如果顶芽被摘除，两个侧芽会均等地生长。但是多斯塔尔注意到，如果他在摘除顶芽之前先除去一片子叶，那么只有位于剩下那枚子叶一侧的侧芽会生长。这个结果可以看成一个典型的对刺激做出反应的过程。但是这里的有趣之处在于，当多斯塔尔重复这一实验，并用红光照射植物时，位于被除去的子叶一侧的侧芽却开始生长了，这说明两个芽都具有生长潜力。

多斯塔尔的研究后来被上诺曼底鲁昂大学的米歇尔·泰利耶偶然发现。泰利耶是法国科学院院士，他选择了鬼针草（*Bidens pilosa*，在英语中又叫作"西班牙针"）作为实验植物。泰利耶注意到，在他摘除鬼针草的顶芽之后，两个侧芽均等生长。但只要他弄伤一片子叶，那就只有靠近健康子叶的侧芽会生长。要让植物产生这样的反应并不需要损毁子叶，只要在摘除顶芽的同时用一根针刺子叶四下，造成的微小损伤就足以导致侧芽不对称生长。

这看上去又是一个典型的刺激–反应现象，它和植物记忆有什么关系呢？嗯，在这些实验中，有时候泰利耶会拉长弄伤子叶和摘除主芽之间的时间间隔，最长可达两周。这时候，还是只有远离被刺子叶的那个侧芽在生长，而不是两个一起生长。泰利耶知道鬼针草肯定是用什么方法储存了它的"创伤"经历，并在顶芽被移除之后能够通过什么机制记起这种经历，哪怕顶芽的移除是发生在数日之后。

接下来的实验完全证实了鬼针草的芽能够记住它附近的哪一片子叶遭到了损伤。这一回，泰利耶像以前一样用针刺一片子叶，但几分钟之后，他把两片子叶都移除了。他发现植物仍保持着对针刺的记忆——一旦中心芽被移除，和原先那片受伤子叶相对的侧芽会长得比位于受伤子叶一侧的侧芽更快。科学家虽然还是不知道这一信息在中心芽中的储存方式，但是他们推测，这一信号以某种方式与生长素——就是我们在第六章中说过的那种激素——相关。

植物也要经历春化

特罗菲姆·邓尼索维奇·李森科因为对苏联科学界施加的压迫而臭名昭著。他拒绝承认标准的孟德尔遗传学（其基础原则是所有的性状都是遗传基因的结果），认为环境也能引起获得性性状的发育（比如生活在永久黑暗中的鼹鼠会失去视力），这些性状也能传给后继的子代。这种形式的演化论最早由法国著名博物学家让 – 巴普蒂斯特·拉马克在19世纪早期提出。李森科在1928年做出了一个里程碑式的发现，一直到今天还在影响着植物生物学界。

苏联农民种植冬小麦，这种小麦在秋天播种，在冬天温度降到冰点以下之前发芽，然后冬眠，直到春天土壤回暖之后才苏醒开花。冬小麦如果没有经历过冬天这一段寒冷的时期，在春天就不会开花，也就不会结实。20世纪20年代晚期是苏联农业的灾难年份，因为异常的暖冬毁灭了大多数冬小麦的幼苗——农民本指望靠这些麦子收成养活数千万人。

李森科一直为避免颗粒无收而努力，他想方设法要保证暖冬不会造成未来的饥荒。他发现，如果在播种之前，把冬小麦种子置于制冷器中，就可以在种子并未实际经历漫长冬天的情况下诱使它们发芽开花。这样，农民就可以在春季再播种小麦，从而挽救了苏联的小麦收成。李森科把这个过程叫作"春化"，现在已经成为任何冷处理的通用术语，不管这处理是自然的还是人工的。

然而，李森科声称寒冷诱使冬小麦开花的特征可以传递给下一代，这就错得离谱了。他坚信他对冬小麦种子周围环境状况的调控可以导致冬小麦遗传性的永久改变，这当然是错的。尽管科学界现在确实知道环境可以影响数代植物的性状，本章后面很快会谈到这一点，但是李森科试图用他的政治意识形态去配合他的科学研究，却给苏联的遗传学研究带来了灾难性后果，严重制约了苏联遗传学研究的发展。

李森科之前的其他科学家也知道，一些植物为了开花需要经历寒冷的冬天（最早的报告之一来自 1857 年的俄亥俄农业管委会），但是李森科是第一个表明这一过程可由人工操纵的人。很多植物依赖于冬季就能开花的低温才能获得收成。很多果树只有在寒冷的冬天过去后才会开花结果，莴苣和拟南芥的种子只有在睡个冷觉之后才会萌发。春化在生态学上的好处是显而易见的：它保证在冬季的寒冷过去后，植物可以在春季或夏季发芽或开花，而不是调控光照和温度让植物在其他时候发芽或开花。

举例来说，美国华盛顿的樱花树通常在每年的 4 月 1 日前后开始开花，那时的白昼时长大约是 12 小时。在华盛顿，9 月中旬同样也有大约 12 小时的日照，但是这些樱花树却不会在秋季开花。如果它们在秋季开花，其果实就永远也不能完全成熟，因为它们很快就会在接踵而至的冬天中冻僵。通过在早春开花，樱花树为果实提供了五个月的成熟时间。尽管 4 月和 9 月的白昼长度几乎是一样的，樱花树却能分辨二者。它们知道什么时候是 4 月，因为它们记住了之前的冬天。

最近 10 年，小麦幼苗和樱花树能记住冬天的生物学基础终于得到阐明，这主要是依靠对拟南芥所做的研究——实践证明这种植物实在是最好的实验材料。拟南芥在自然界中具有广泛多样的地理分布，从挪威北部到加那利群岛[3]都可以找到它。拟南芥的不同居群叫作生态型。在北方寒冷气候中生长的拟南芥生态型需要春化才能开花，但在温暖气候下的拟南芥生态型不需要春化也能开花。如果把需要冬季才能开花的植株和不需要冬季就能开花的植株杂交，第一代后代仍然需要睡个冷觉才能开花；也就是说，在遗传学上，对寒冷的需求是一个显性性状（就像人类的棕色眼睛对于蓝色眼睛是显性性状一样）。在这里面涉及的专门基因是 FLC，是英文 flowering locus C（开花位点 C）的缩写。休眠形式的 FLC 基因会阻止开花，除非植株经历了春化阶段。

一旦植物经历了一段天气寒冷的时间，FLC 基因就再不转录。这个基因被关闭了。但是这并不意味着植物马上就会开花，这只意味着在诸如光和温度之类的其他条件能够满足要求的情况下植物能够开花。所以植株肯定有一种办法，能在即使气温已经回升之后，仍然记住它曾经经历的寒冷天气，以便保持 FLC 基因的关闭状态。

已经有很多研究者尝试弄明白春化关闭 FLC 基因以及 FLC 基因一旦关闭之后就保持这一状态的机理。这些研究高度突出了表观遗传[4]在植物的冬季记忆中的作用。表观遗传和突变不同，突变是 DNA 编码的改变，而表观遗传不需要改变 DNA 编码也能改变基因的活性，而且这些基因活性的改变同样可以从亲代遗传给子代。在很多情况下，表观遗传是通过改变 DNA 的结构发挥作用的。

在细胞中，DNA 被安置在染色体中，但染色体的成分绝不仅仅是这些核苷酸链。DNA 外面包裹着叫作组蛋白的蛋白质，二者共同构成染色质。染色质可以进一步扭转，就像一根被过度扭转的橡胶带子一样，这样就把 DNA 和蛋白质压紧成为高

144

度压缩和紧实的结构。这些结构是动态的——染色质的各个部位可以解压缩，或是再压缩起来。活动基因（被转录的基因）可以在染色质解压缩的部位找到，不活动的基因则位于压缩得较紧的区域 [5]。

组蛋白是决定染色体缠绕紧密程度的关键因素之一，这对于理解 FLC 如何被激活至关重要。科学家已经发现，冷处理可以触发 FLC 基因周围的组蛋白结构发生改变（这是一个叫作甲基化的过程），使染色质压缩得更紧实。这样就关闭了FLC 基因，植物就能够开花了。这种表观遗传变化（属于基因周围组蛋白发生变化的类型）能连续数代从亲代细胞传给子代细胞，即使在寒冷天气已经过去之后，所有细胞中的 FLC 基因仍然保持不活动状态。一旦 FLC 基因被关闭，只要其他的环境条件都达到理想状况，植株就能开花。在栎树和杜鹃花之类一年开一次花的多年生植物中，一旦植物已开过花，FLC 基因就必须重新激活，以抑制可能发生的不合季节的胡乱开花，直到下个冬天过去为止。为此，细胞重新编制组蛋白编码，打开FLC 基因周围的染色质，然后重新激活基因。这一系列过程如何发生，如何被调控，是当前的研究课题。

植物在记忆众多的环境状况时，会涉及这种机制和其他的表观遗传机制。不过，表观遗传记忆并不为植物所独有，实际上是众多的生物学过程和疾病的基础原理。表观遗传已经引发了生物学的一场范式转变，因为它挑战了只有 DNA 序列中的改变才能从细胞传给细胞的传统遗传学观念。然而，表观遗传真正令人惊奇的地方在于，它不仅能让记忆在一个生物体内从一个季节传到另一个季节，还能从一代传给另一代。

"记忆"也会遗传?

通过举行仪式、讲故事等方式，人的记忆可以主动地传给下一代，但是这和表观遗传有关的跨代记忆却完全不同。这种类型的记忆通常携带着从亲代传给子代的有关环境胁迫或生理胁迫的信息。瑞士巴塞尔的芭芭拉·霍恩实验室第一次为这种跨代记忆提供了证据。霍恩和她的同事知道，像紫外线或病原体侵害这样使植物受到胁迫的外界条件会导致植物基因组发生变化，产生 DNA 新组合。

这些由胁迫诱导的变化具有生态学意义，因为植物和其他任何生物一样，在胁迫之下需要想方设法存活下来。植物的众多对策之一，就是产生新的遗传变异。霍恩令人震惊的研究显示，不光受到胁迫的植物会产生 DNA 新组合，它们的后代也会产生这些新组合，尽管这些子代本身从未直接经受过任何胁迫。亲代所受的胁迫引发了稳定的遗传变化，这变化又传给了它的所有后代，这些后代植株的表现让人觉得仿佛它们也受到了胁迫似的。它们记住了自己的亲代曾经经历过这种胁迫，于是做出了同样的反应。

"记住"这个词在这里的用法似乎有点不合传统。我们还是用本章开头提到的记忆的三阶段理论来分析一下吧。亲代形成了对胁迫的记忆，保持了这种记忆，并把它传给了子代，然后子代提取了信息，做出相应的反应——增加了遗传变化。

这个研究能够给人很多启示。环境胁迫可以导致传给后继子代的可遗传的改变，这很好地符合了让－巴普蒂斯特·拉马克的理论——你可以回忆一下，他声称演化是基于获得性性状的遗传。霍恩的植物在紫外线或病原体胁迫之下获得了增加遗传变异的性状，把它传给了所有后代（要知道，一棵拟南芥植株就可以产生数千枚种子！）。这不能用受胁迫植株的 DNA 序列突变来解释，因为如果是这样的话，新性状只能传给很小比例的后代。相反，如果胁迫诱发了表观遗传变化，包括花粉和卵细胞在内的所有细胞可同时发生这种变化，它就可以传给下一代的所有个体，以及其后继的子代。虽然科学家们一直在研究这些记忆中涉及的表观遗传的本质机理，但现在这一机理还未能得到揭示。

伊戈尔·科瓦尔楚克对此做了后续研究，他把包括热和盐分在内的其他对植物及其后代遗传变异的胁迫也引入实验。研究表明，这些不同的环境危害增大了基因组重排的概率，不仅在亲代中如此，在第二代中也是如此。科瓦尔楚克的研究结果非常有意思，因为除此之外还有更多的发现。植物第二代不仅表现出遗传变异的增加（这确证了霍恩的实验结果），而且对各种胁迫都更有忍耐力了。换句话说，亲代受到胁迫，使得子代能够在险恶的条件下比正常植株生长得更好。各种胁迫几乎都能诱发亲代染色质结构的表观遗传变化，亲代便把这些变化传给后代。我们相信事实如此，因为科瓦尔楚克的研究小组还发现，如果他们用一种能够清除表观遗传信息的化学药剂处理子代，这些植株就会失去在环境胁迫下茁壮生长的能力。霍恩的研究结果并未得到普遍接受，这是科学中很多引发范式转变的研究都会遇到的事。然而，越来越多的例子让跨代记忆的观点变得越来越牢固。举例来说，我的同行——康奈尔大学的格奥尔格·延德尔的研究表明，被天幕毛虫侵害的拟南芥植株的"孙辈"仍然有较高的茉莉酸防御的反应性，这让天幕毛虫只能长到正常体形的一半大。这种跨代记忆依赖于另一种表观遗传机制，涉及小 RNA 分子。日渐普遍的共识是，这些研究和其他一些研究已经一起宣告了遗传学一个新时代的到来。胁迫可以引发记忆从一代传给下一代的观点得到了越来越多研究的支持，这些研究不光是植物研究，还有动物研究。在所有这些研究案例中，"记忆"都以某种形式的表观遗传为基础。

植物也有智力

植物明显具有储存和提取生理信息的能力。然而，这并不是说植物要记住所有东西。事实上，植物忘掉的东西比它们记住的东西多得多，特别是在记忆胁迫的时候更是如此。记忆可以引发固定模式的反应；在反复出现可预测的变化的环境中，记忆是很有益处的。然而，在稳定或难以预测的环境中，对植物来说，完全返回到胁迫前的状态——也就是"忘记"胁迫曾经发生过——反而更好。我们可以通过下面的问题从个人经验出发理解这一点：如果记忆不能帮助我们在未来采取不同的行动，那它还有什么好处呢？一些研究指出，记忆 – 遗忘的平衡会受到胁迫的复现周期影响——也就是说，会受到前一次胁迫发生后所经历的时间长度影响。从具体机制上来说，这个平衡是由细胞中某些 mRNA 分子[6]的稳定性控制的。

我们会本能地觉得这种能力和我们每天唤起的详细而充斥情绪的记忆相当不同。但是在一个基本层面上，这一章里描述的各种植物的行为的确就是记忆的原始类型。卷须的缠卷、捕蝇草的闭合和拟南芥记住环境胁迫的行为都包括三个过程：

形成事件记忆，把记忆保留一定时间，在一个较晚的时间点为专门做出某种发育反应而提取记忆。

植物记忆涉及的很多机制，包括表观遗传和电化学梯度，在人类记忆中也有涉及。大多数人都知道脑是记忆器官，而电化学梯度正是人脑神经连接不可或缺的条件。最近几年中，植物科学家发现，不仅植物细胞会凭借电流（就像我们在前面几章中看到的）来通信，植物本身也含有人类和其他动物体内作为神经受体的蛋白质。谷氨酸受体就是一个很好的例子。人脑中的谷氨酸受体对神经通信、记忆形成和学习都发挥着重要作用，很多有神经活性的药物都以谷氨酸受体为作用靶点。所以，对纽约大学的科学家来说，发现植物也有谷氨酸受体，拟南芥对能改变谷氨酸受体活性的神经活性药物敏感，实在是个极大的意外。

植物要利用谷氨酸受体之类的神经受体蛋白质干什么呢？特别是考虑到它们没有神经元，这个问题就更令人好奇。葡萄牙的若泽·费若及其团队所做的后续工作表明，植物中的这些受体能在细胞间的信号转导中发挥作用，其方式非常类似人类神经元彼此之间的通信方式。这让我们不禁为在植物演化中扮演"脑受体"角色的受体啧啧称奇。也许人脑的运作和植物生理之间的相似性要比我们想象的还高。

植物记忆就像人类的免疫记忆一样，不是托尔文所定义的语义记忆或情景记忆，而是程序记忆，也就是指导如何行动的记忆；这些记忆依赖感知外部刺激的能力。托尔文进一步提出，这3个层次的记忆的每一层次都与从低到高的某个意识层次相联系。程序记忆与失知意识相关，语义记忆与理智意识相关，而情景记忆与自知意识相关。按照定义，植物显然不具备与语义记忆或情景记忆相关的意识。但就像最近的一篇评论文章所说的："以程序记忆为特征的最低层次的意识——失知意识——是生物体感知外部和内部刺激并做出反应的能力，所有植物和简单的动物都具备这种能力。"这把我们带到了所有问题中那个最引人入胜的问题面前：如果植物能展现出多种类型的记忆，还有某种形式的意识，那么是否应该认为它们具有智力？

注释

[1] 原名为 *Pocahontas*，为迪士尼公司在 1995 年推出的一部历史题材的动画片。女主人公波卡洪塔斯（或译宝嘉康蒂）是 17 世纪初美洲原住民部落的一位公主，在平息原住民部落和英国殖民者的冲突时得到了一棵充满智慧的老柳树的诸多帮助。——译者注

[2] 严格地说，子叶不是真正的叶子，虽然它在真叶成熟之前会执行光合作用等真叶的功能。——译者注

[3] 加那利群岛是大西洋中靠近非洲西北海岸的群岛，属于西班牙。拟南芥在中国的华东、中南及西部各省区市也有自然分布。——译者注

[4] 表观遗传涵盖了与 DNA 序列无关的多种类型的可遗传变化。这包括组蛋白的化学变化、DNA 的化学变化（比如 DNA 甲基化）、多种类型的小 RNA 的化学变化，以及感染性蛋白质，也就是朊毒体的化学变化。——作者注

[5] 细胞类型的一个主要区分特征——比如人类血细胞和肝细胞的区分特征，或是植物花粉和叶细胞的区分特征——就是染色质的结构，它会对被激活的基因的种类产生影响。——作者注

[6] mRNA 即信使 RNA，是把 DNA 上的活动基因携带的信息转录出来用于指导蛋白质合成的物质。——译者注

结语：有意识的植物
Conclusion: conscious plant

每一个人——包括发明了颇受争议的智商测验的阿尔弗雷德·比奈，以及著名心理学家霍华德·加德纳在内——对于智力^[1]这个词本身的意义都有自己的理解，因此什么人算是"高智力"的人也就言人人殊。虽然一些研究者认为智力是人类独有的特质，但是已经有报告指出从猩猩到章鱼等许多动物也拥有一些多少符合"智力"的特质。然而，如果把智力的定义用到植物身上，那就更受争议了。不过，"植物有智力"这个观念实在很难说是一个新想法。医生兼植物学家威廉·劳德尔·林德赛博士早在 1876 年就写道："我发现，类似在人类身上表现出来的心智的某些特性，在植物中间也普遍存在。"

在苏格兰爱丁堡大学工作的备受尊敬的植物生理学家安东尼·特里瓦弗斯是较早的一位提倡"植物智力"的现代学者。他指出，虽然人类明显比别的动物更睿智，但智力不太可能是一种仅在智人^[2]身上起源的生物特性。在这种观念下，他把智力看成与诸如躯体形状和呼吸之类的生物性状没有区别的一种性状，所有这些性状都通过自然选择从较早的生物体已经存在的性状演化而来。事实上，本书讨论的很多现象都可以追溯到植物和动物的某个共同前身。第五章中提到的植物和人类共有的耳聋基因可以使我们清楚地认识这一点。在植物和动物古老的共同祖先身上，这些基因已经存在了，所以特里瓦弗斯提出，植物身上一定也存在原始的智力。

查尔斯·达尔文甚至走得更远，他宣称植物的根类似于动物的脑。在《植物的运动力》一书的最后一段中，达尔文总结道："只要考虑到植物结构的功能，我们相信不会有别的植物结构会比根的尖端更神奇……它拥有类型如此多样的感觉。具备如此禀赋的根尖，拥有指导相邻部位运动的力量，说它像某种低等动物的脑一样活动基本不是夸大其词。"只要发挥一点想象力，就能看到植物与动物在解剖和生理上存在很多相似之处。有些相似之处显而易见，比如我们在捕蝇草和含羞草身上遇到的电信号转导；有些相似之处则较有争议，比如植物根系的结构和多种动物的神经网络结构的相似性。

佛罗伦萨大学的斯泰法诺·曼库索和波恩大学的弗兰提约克·巴卢厄卡及其同事进一步发展了达尔文的根－脑假说。他们对此十分热衷，甚至使用了"植物神经生物学"这个术语，以强调植物和动物的相似性。

"植物神经生物学"的很多倡导者都会首先解释这个术语本身具有引发争议的性质，因此可以有效地促进学界对植物和动物处理信息的相似之处进行更多争辩和讨论。正如特里瓦弗斯和其他人指出的，隐喻可以帮助我们建立平时建立不起来的联系。如果通过使用"植物神经生物学"这个术语可以督促人们重新审视自己对整个生物学以及植物学这一专门领域的理解，那么这个术语就是合理的。然而，我们要搞清楚一点：不管我们在植物和动物的基因层次上发现多少相似性（就像我们已经看到的，不管这些相似性多么重要），它们毕竟是多细胞生命的两类非常独特的演化适应形式，每一类的生存都依赖于一套为植物界或动物界所独有的细胞、组织和器官。举例来说，脊椎动物用骨骼承重，而植物却用木质的树干承重。二者具备相似的功能，在生物学上却各自都是独一无二的。

虽然我们可以把"植物智力"主观地定义为智力众多类型中的又一类型，但是这样的定义并不能增进我们对智力或植物生物学的理解。我认为，有意义的问题不是植物是否具有智力——我们要对这个词达成共识，那要等到猴年马月了；有意义的问题应该是"植物有意识吗？"而我认为它们的确有意识。植物对它们周边的世界有敏锐的意识。它们对视觉环境有意识，能够区分红光、蓝光、远红光和紫外线，并分别做出相应的反应。它们对周围的气味环境有意识，能够对空气中飘荡的微量挥发物产生反应。植物知道什么时候被触碰，可以区分不同的触碰。它们对重力有意识，能够改变自己的形态以保证茎向上长，根向下伸。植物还对过去的经历有意识——它们能记住过去的感染和所经历的天气条件，然后根据这些记忆改变当下的生理状况。

如果植物有意识，在我们思考我们和绿色世界的关系时，这意味着什么呢？首先，"有意识的植物"不会对人类个体产生意识。我们只不过是增加或减少植物生存和繁殖成功概率的众多外部压力之一罢了。借用弗洛伊德心理学的术语来说，植物的心理完全缺乏自我和超我，虽然可能具有本我，也就是心理中接受感觉输入、按本能行事的无意识部分。植物对环境有意识，而人类是这个环境的一部分。但是，植物对不计其数的园丁和植物生物学家没有意识，尽管在这些人看来，他们都和各自的植物发展了某种个人关系。虽然这些关系对照顾植物的人来说颇有意义，它们却和一个孩子同他假想的伙伴之间的关系并无不同；意义的流向完全是单向的。我曾见过世界知名的科学家和未毕业的大学生研究者以相同的方式过度热情地使用拟人化的语言。在他们的植物叶子上染了霉菌时，他们会说它们"看上去不高兴"；在浇水之后，又说它们"很满意"。

这些用语代表了我们自己对植物生理状态的主观估计，而植物的生理状态毫无疑问不带有任何情绪。植物和人类都能觉察到丰富的感觉输入，但只有人类把这些输入转换成了一幅情绪图景。我们把我们自己的情绪负担投射到了植物身上，假定盛开的花比枯萎的花更快乐。如果把"快乐"定义为"最佳生理状态"的话，也许这么说是合适的。但是我想对多数人来说，"快乐"绝不仅仅依赖于完美的生理健康状态。事实上，我们都知道有人身受各样病患折磨，却仍然觉得自己快乐，有人明明健康，心情上却痛苦万分。我们都同意快乐是一种精神状态。

植物具有意识这件事也并不表明植物会感到痛苦。一棵能看、能嗅、能触的植物并不会比一台拥有不完美的硬盘驱动器的电脑感到更多的痛苦。实际上，"疼痛"和"痛苦"这两个词就像"快乐"一样，是非常主观的用语，用来描述植物是不合适的。国际疼痛研究学会对疼痛的定义是"伴随有现存的或潜在的组织损伤，或者被描述为具有这样的损害的一种不愉快的感觉和情绪上的感受"。也许对植物来说，"疼痛"可以就"现存的或潜在的组织损伤"这一点来定义，比如当植物感知到导致细胞损伤或死亡的物理胁迫的时候，就发生了这样的损伤。植株能感知叶片什么时候被昆虫的颚刺破，知道什么时候被一场森林大火所焚烧。在一场干旱中，植物知道什么时候缺水。但是植物不会痛苦。就我们目前所知，它们不具备"不愉快的……情绪上的感受"。实际上，就算是在人类身上，疼痛和痛苦也被认为是两个分离的现象，由脑的不同部位所表达。脑成像研究已经确认疼痛中心位于在脑干上发展出来的人类大脑深处，而科学家也相信感受痛苦的能力可定位于前额叶皮层。所以，如果感受痛苦需要额叶皮层高度复杂的神经结构和连接的话，那么因为只有高等脊椎动物才具备额叶，植物显然不会遭受任何痛苦——它们压根就没有脑。

对我来说，植物无脑的观念非常重要，值得反复强调。如果我们时刻记住植物没有脑，这就会从根本上大大限制对植物的拟人化描述。这使我们一边为了文艺上的清晰继续把植物行为拟人化，一边又知道所有这些描述都必须用植物无脑的观念来中和。虽然我们使用了"看到""嗅到""触到"这样的语词，但是我们知道植物和人类的整个感觉体验是有质的区别的。

如果没有这种提醒，对植物行为不受限制的拟人化就会导致不幸的结果——如果不说是搞笑的结果的话。比如说，瑞士政府在 2008 年成立了一个旨在保护植物的"尊严"的伦理委员会 [3]。无脑的植物恐怕不会担心自己有没有尊严。而且，如果植物有这种意识，那么这将意味着我们和植物世界之间的所有互动都会发生彻底的改观。也许瑞士人这种试图为植物赋予尊严的努力反映了我们想要确定自己和植物界之间的关系的努力。作为个体，我们常常通过把自己和其他人进行比较来在社会中寻找我们的位置。作为一个物种，我们也通过把我们自己和其他动物进行比较来在自然界中寻找我们的位置。我们很容易以黑猩猩的眼光打量我们自己，我们可以和一只缠在母亲身边的大猩猩幼崽产生共鸣。约翰·格罗根 [4] 的狗（名叫玛利），以及更早的拉西和任丁丁都唤起了我们非常深的移情感觉，即使不是真正爱狗的人，也能在我们的犬类朋友身上看到人性。我就认识声称他们养的鹦鹉懂得他们的心思的养鸟人，以及在海鱼身上发现了人类行为的鱼类爱好者。这些例子清楚地显示，"人性"只是智力的一种附加特性，虽然是一种有趣的特性。

那么，如果人类和植物具有相似的本领，都能对复杂的光环境、错综的气味、多样的物理刺激产生意识，如果人类和植物都具有偏好性，都有记忆的话，我们能把植物当成和我们一样的生物看待吗?

我们必须知道的一件事是，从一个广泛的层次来说，和我们有相同生理特征的不仅仅是黑猩猩和狗，还有秋海棠和巨杉。当我们凝视盛开着花的玫瑰树时，应该把它看成失散已久的堂兄弟，知道我们能像它那样察觉复杂的环境，知道我们和它共有相同的基因。当我们打量一棵在墙上攀爬的常春藤时，我们也要知道，如果不是远古时代发生的一些不可预料的事情，我们也可能免不了在墙上攀爬的命运。我们看到的是我们自己演化的另一种可能结局，在大约 20 亿年前分道扬镳的演化路线的结局。

然而，共同的早期遗传史并不能抹杀亿万年来的分离演化。虽然植物和人类具有相似的感知物理世界、对物理世界产生意识的能力，但是独立的演化路线还是让人类在智力之外，拥有了一种独特的能力——关怀他者的能力。

所以，当你下一次在公园漫步时，不妨花几秒钟时间自问一下：草坪上的蒲公英看到了什么? 草闻到了什么? 触摸栎树的叶子吧，你知道它会记得自己被摸过。但是,这棵树不会记住你。反而是你记住了这棵树,此生此世都会保有对它的记忆。

注释

[1] 英语中的"智力"（intelligence）一词来自拉丁语的 intelligentia。——译者注

[2] 生物学上对现代人所在的物种的称呼。——译者注

[3] 因为瑞士联邦宪法要求"在对待动物、植物和其他生物时要考虑生命的尊严"，组成这个委员会的目的是要根据植物的情况进一步定义"尊严"一词。——作者注

[4] 约翰·格罗根（John Grogan）是美国记者、作家，他在 2005 年出版的一本畅销书中详细描述了他家所养的一条名叫玛利（Marley）的狗和他的家人之间的故事。拉西（Lassie）原本是小说中一个虚构的动物角色，后来成为一条本名帕尔（Pal）的苏格兰牧羊犬的艺名，后者在 20 世纪四五十年代主演了多部好莱坞电影，成为知名的动物明星。任丁丁（Rin Tin Tin）是在第一次世界大战战场上发现的一只刚出生的德国牧羊犬，后来主演了 20 世纪二三十年代的多部好莱坞电影，是比拉西更早的狗明星。——译者注

致谢

Acknowledgements

　　如果没有三位了不起的女性的贡献，《植物知道生命的答案》这本书就不会像现在这样摆在你面前。

　　第一位是我的妻子西拉，她鼓励我突破极限，在学术研究和学术写作之外做一些别的事情，最后又鼓励我点击"发送"按钮。没有她的爱和信任，这本书就不会存在。

　　第二位是我的代理劳丽·阿布克迈尔。她的经验、毅力、支持和无限的乐观主义使我这样一位青涩的作者感觉自己好像是久获普利策奖的老手。她不仅是我的代理，还是我的朋友，这让我感到很幸运。

　　第三位是《科学美国人》杂志和法拉尔－斯特劳斯－吉鲁出版社的编辑阿曼达·穆恩，她接受了把我的带有学术气的措辞改造成易读的文字的艰巨任务。她不知疲倦地把每一章改了一遍又一遍，然后又是第三遍、第四遍、第五遍，每一次都带着最大的耐心。

全世界的许多科学家都帮助我把这本书打造成一部具有科学正确性的著作。伊安·鲍德温（马克斯·普朗克化学生态学研究所）、珍妮特·布拉姆（莱斯大学）、约翰·基斯（迈阿密大学）、维克托·扎尔斯基（捷克科学院）和埃里克·布伦纳（纽约大学）这几位教授热心地从百忙之中抽出空来审读了本书的部分章节，保证其中的科学内容得到妥当的表达。写这本书的念头源于和埃里克的讨论，我会永远感谢他的洞察力、鼓励和友情。我还要感谢特德·法默教授（洛桑大学）、约拿单·格雷瑟尔教授（魏茨曼科学研究所）、莉拉赫·哈达尼博士（特拉维夫大学）、安德尔斯·约翰森教授（挪威科技大学）、伊戈尔·科瓦尔楚克教授（莱斯布里奇大学）和弗吉尼亚·谢泼德博士（新南威尔士大学），他们在本书写作的不同阶段给予了意见建议。我的两位良师约瑟夫·希尔什伯格教授和邓兴旺教授对我的影响，在我所研究和在书中写到的全部科学课题中都随处可见。

对本书的增订版来说，瓦雷里亚·鲍德是极出色的研究助理。我要感谢凯伦·梅因对本书做了编辑工作，并勤奋地督促我按时完成任务，感谢英格丽·斯特纳的精美排版，还要感谢《科学美国人》和法拉尔－斯特劳斯－吉鲁出版社的团队，和他们一起工作的感觉好极了。

我很幸运地能在特拉维夫大学拥有这么多出色的同事，我和他们在走廊里进行了很多有益的讨论。特别要指出的是，本书中的很多观点最早是在我与尼尔·奥哈德和沙乌尔·雅洛夫斯基两位教授合开的植物科学导论课上提出的，并得到了我们的共同讨论。我要感谢我的实验室同事奥弗拉、鲁提、索菲、埃拉赫、摩尔和吉里，我为了写这本书而没有去监督他们的研究工作，他们对此表示理解。我特别要感谢代我管理实验室的塔利·亚哈罗姆博士。正是每天和他们的交流，才让我持续不断地意识到科学研究为什么会如此激动人心。我对玛娜植物生物科学中心的赞助人也心存感激，他们向我表明，谦虚加上精力集中，可以帮助人更快达到重要的目标。

我还要感谢阿兰·查佩尔斯基拍摄我的近照，德波拉·拉斯金帮助我开始写作。我的家人和亲戚也为我提供了无止境的支持。我会永远感谢我的姐姐莱娜，以及埃胡德、吉塔玛、亚奈、菲利斯，还有我的母亲玛尔西亚，她们是我的书稿最早的读者。我的孩子艾坦、诺阿姆和沙尼是我快乐的永恒源泉，他们还能指出我的书稿中落掉了一个单词。最后，我要感谢我的父亲大卫，他一直为我提供支持，还修改过书稿。在这本书出版的过程中，他和我一样操心，仿佛这本书是他写的一样。

Pisum sativum
豌豆

12

豌豆
Pea

豌豆苗也称"龙须菜"。

由于花朵美丽，豌豆常被种植用来观赏。

在 19 世纪，

格雷戈尔·孟德尔通过研究豌豆得出了现代遗传学定律。

Helianthus annuus

向日葵

13

向日葵
Sunflower

向日葵别名太阳花、朝阳花，
因花序随太阳转动而得名。
原产于北美，一年生草本。
其种子为葵花子。

Mimosa pudica

含羞草

14

含羞草
Mimosa

含羞草原产于热带美洲，
是豆科含羞草属的一种多年生草本植物。
生长力顽强，别名众多，如见笑草、感应草、夫妻草等。

Dionaea muscipula
捕蝇草

15

捕蝇草

Venus flytrap

捕蝇草是一种原产于北美洲的多年生草本植物。
其主要特征是能迅速关闭叶片捕食昆虫，
这是一种和猪笼草一样的食肉植物，
茅膏菜科捕蝇草属中仅此一种食肉植物。

Rhododendron simsii
杜鹃

16

杜鹃
Azaleas

杜鹃又名映山红、山石榴。
相传，古有杜鹃鸟，日夜哀鸣而咯血，
染红遍山的花朵，因而得名。
杜鹃花为著名的花卉植物，具有较高的观赏价值。

Gossypium herbaceum

草棉

17

草棉
Cotton

草棉是锦葵科棉属植物，
凋谢后留下棉铃。
棉铃成熟时裂开，露出柔软的纤维。
棉花的纤维最常被纺织成纱线，
用来制作柔软透气的纺织品。

Zea mays
玉米

18

玉米
Corn

玉米是一年生禾本科草本植物。
作为全世界总产量最高的重要粮食作物，
玉米除了可食用，亦可作饲料使用。

Oryza sativa

水稻

19

水稻
Rice

水稻被称为亚洲型栽培稻、亚洲稻等，
是人类重要的粮食作物之一，
耕种与食用的历史都相当悠久。

Drosera peltata
茅膏菜

20

茅膏菜
Sun-dew plant

茅膏菜属于多年生草本植物。
其叶片为圆形，叶片边缘密布可分泌黏液的腺毛，
当昆虫落在叶面上，即会被粘住。
当昆虫逐渐被消化后，腺毛即恢复原状。

图书在版编目（CIP）数据

　　植物知道生命的答案 / (美) 丹尼尔·查莫维茨著；
刘夙译. -- 贵阳 : 贵州科技出版社, 2022.11
　　ISBN 978-7-5532-1131-2

　　Ⅰ.①植… Ⅱ.①丹… ②刘… Ⅲ.①植物－普及读
物 Ⅳ.①Q94-49

中国版本图书馆CIP数据核字(2022)第196990号

著作权合同登记号　　图字　22-2022-074

植物知道生命的答案

ZHIWU ZHIDAO SHENGMING DE DAAN

出版发行	贵州科技出版社	
地　　址	贵阳市中天会展城会展东路A座（邮政编码：550081）	
网　　址	http://www.gzstph.com	
出 版 人	王立红	
策划编辑	潘昱含	
责任编辑	刘利平	
特约编辑	刘　平　黄钰画	
封面设计	裴雷思	

经　　销	全国各地新华书店	**印　　刷**	北京盛通印刷股份有限公司
版　　次	2022年11月第1版	**印　　次**	2022年11月第1次
字　　数	200千字	**印　　张**	14.5
开　　本	710 mm × 960 mm　1 / 16		
书　　号	ISBN 978-7-5532-1131-2		
定　　价	98.00元		

天猫旗舰店：https://gzkjcbs.tmall.com
京东专营店：https://mall.jd.com/index-10293347.html